F. L

Der Mond

Mit 55 Abbildungen

Springer-Verlag

Berlin · Heidelberg · New York 1969

Herausgeber der Naturwissenschaftlichen Abteilung
Prof. Dr. KARL V. FRISCH, München

Prof. Dr. F. LINK
Astronomisches Institut der Akademie der Wissenschaften, Prag
z. Z. C.N.R.S. — Institut d'Astrophysique
98 bis Boulevard Arago
F-75 Paris 14 e

Umschlagentwurf: W. EISENSCHINK, Heidelberg

Vorwort

Der Mond, dieser stille Begleiter unserer Erde und stumme Wächter unserer Nächte, steht gegenwärtig nicht nur im Vordergrund des Interesses der Astronomen, sondern er ist auch in den Mittelpunkt der Weltöffentlichkeit gerückt, da Amerikaner bereits auf ihm gelandet sind.

Unser Büchlein soll weiten Kreisen Kenntnisse vom Monde vermitteln, die von Astronomen in meist lebenslanger, zäher Forschungsarbeit mit unermüdlichem Fleiße gewonnen wurden. Ihre Ergebnisse sind die Wegbereiter zur bevorstehenden Mondlandung. Vieles wird freilich nach dem ersten Spaziergang auf dem Monde zu korrigieren sein.

So gesehen kann die folgende Beschreibung auch als eine Geschichte der Mondwissenschaft gelten, die den riesigen Unterschied zwischen den klassischen Methoden der Astronomie aus großer Entfernung und der unmittelbaren astronautischen Erforschung des Mondes augenfällig macht.

Wir haben unsere fünf Kapitel in eine beinahe chronologische Reihenfolge der Entwicklung gegliedert. Unsere ältesten Erkenntnisse beziehen sich auf die Form und Bewegung des Mondes. Mit der Erfindung des Fernrohrs im 17. Jahrhundert begann die Zeit der Selenographie (griechisch: Selene = Mond), die später in der Mitte des vorigen Jahrhunderts in die Physik des Mondes mündete. Wenn die Mondfinsternisse zu Beginn der Zivilisation die ersten Zeugen des Interesses an der Astronomie waren, so hat sich doch dieser Zweig der Astronomie erst in den letzten Jahrzehnten zu einem Höhepunkt entwickelt. Mit seinen Methoden und Ergebnissen bildet er einen natürlichen Übergang zur Raumerforschung des Mondes, mit der wir dieses Büchlein abschließen wollen. Dessen Zweck ist erfüllt, wenn es dem Leser einen knappen Überblick über die Mondforschung und einen Einblick in die zu überwindenden Schwierigkeiten einer Mondlandung vermittelt hat.

Mein Dank gehört dem Verlag für sein Entgegenkommen in bezug auf die zahlreichen Abbildungen, GUSTAV ENDLICHER für die sprachliche Mithilfe und Prof. Dr. KARL VON FRISCH für manche stilistische Verbesserungen.

Paris, Juli 1969   F. LINK

Inhaltsverzeichnis

1. Einführung

Der Mond in 400 Worten. Der Mond ist unser natürlicher Begleiter im Gegensatz zum Haufen der kleineren, künstlichen Satelliten, die er durch seine Größe und sein Alter übertrifft. Der Monddurchmesser beträgt 3476 km (27% der Erde), seine Oberfläche 38 Millionen km² (7,4%) und sein Rauminhalt 22 Milliarden km³ (2,0%). Die Masse des Mondes ist $1/81$ der Erdmasse und die mittlere Dichte 3,3 derjenigen des Wassers. Die Schwere am Monde ist sechsmal geringer als die auf der Erde.

Der Mond ist von uns im Mittel 384 400 km entfernt und dieser Wert ändert sich im Mittel nur um $\pm$ 5% während seines Umlaufes, der $27^{1}/_{4}$ Tage dauert. Die Mondphasen wiederholen sich in der Zeitspanne von $29^{1}/_{2}$ Tagen. Im Kalender spielt diese Periode eine große Rolle, da sie die Länge des Monats bestimmt. Der Mond dreht sich um seine Achse in derselben Zeit, in welcher er seinen Umlauf um die Erde vollendet. Deshalb zeigt uns der Mond immer dieselbe Seite seiner Oberfläche. Die Bewegung des Mondes im Raume ist eine der kompliziertesten Bewegungen der Himmelskörper, die wir theoretisch fast restlos erfaßt haben.

Der Mond sendet drei Arten von Strahlungen aus. Die stärkste Strahlung ist von der Oberfläche gestreutes Sonnenlicht, obzwar davon nur etwa 7% in den Raum zurückgeworfen werden. Die zweite, nur wenige Prozent des gesamten Lichts betragende Komponente ist die Lumineszenz der Mondoberfläche. Sie wird durch die kurzwelligen und korpuskularen Sonnenstrahlen erregt. Die dritte Art ist die für unsere Augen unsichtbare Wärmestrahlung der Mondoberfläche, die große Gegensätze zeigt ($+ 140°$ C auf der Mitte der Vollmondscheibe, $- 150°$ C auf der Mitte der Neumondscheibe).

Der Mond besitzt fast keine erkennbare Atmosphäre. Auch Wasser ist auf der Mondoberfläche nicht vorhanden. Deshalb ist das Leben auf dem Monde nach irdischen Gesichtspunkten ganz unmöglich.

Für das vielgestaltige Mondrelief sind die Krater charakteristisch. Ihre Größe geht von den kleinsten (20 cm) Aushöhlungen bis zu weiten (200 km) Ringgebirgen, ihre Gesamtzahl beträgt mehrere Millionen. Die meisten Krater verdanken ihren Ursprung den Meteoritenstürzen, ebenso wie die von manchen Kratern ausgehenden hellen Strahlen. Die dunklen Flecken, die man früher für Meere hielt, sind wahrscheinlich die erstarrten Partien der geschmolzenen Oberfläche. Die obersten Schichten der Mondoberfläche sind staubartig und von geringer Dichte.

Die Erde verfinstert manchmal den Mond mit ihrem Schatten. Die Mondfinsternisse gehören zu den ältesten Himmelserscheinungen, die in der Geschichte der Astronomie verzeichnet sind.

Der Mond, der bis zur Mitte des 20. Jahrhunderts im Interessengebiet der Astronomen und im Reiche der Dichter lag, wurde in jüngster Zeit ein angesteuerter Zielpunkt der Astronauten. Möge uns dieser Wetteifer zwischen Amerika und der Sowjetunion keinen Schaden, sondern nur Bereicherung unserer Erkenntnisse bringen!

Kleine Geschichte der Mondforschung

2283 v. Chr.	Erste Beobachtung einer Mondfinsternis in Mesopotamien.
632—546	THALES entdeckt die Ursache der Mondphasen.
500—450	ANAXAGORAS entdeckt die Ursache der Mondfinsternisse.
150—130	HIPPARCHOS bestimmt die Mondentfernung.
2. Jh. n. Chr.	PTOLEMÄUS schafft die erste empirische Theorie der Mondbewegung.
1609	GALILEIS erste teleskopische Beobachtung des Mondes.
1619	SCHEINER (Ingolstadt) zeichnet die erste Mondkarte.
1651	RICCIOLI (Bologna) benennt die Mondkrater.
1666	NEWTON entdeckt das Gravitationsgesetz mit Hilfe der Mondbewegung.
1687	NEWTON gibt die erste mathematische Theorie der Mondbewegung.
1693	CASSINI (Paris) gibt die Gesetze der Mondrotation.
1707	LAHIRE (Paris) bestimmt die Schattenvergrößerung während der Mondfinsternisse.
1860	Erste Photographie des Mondes durch WARREN DE LARUE (England).
1868	Erste Messung der Mondtemperatur durch Lord ROSSE (England).

1893	Gilbert (USA) formuliert die Meteoritenhypothese der Krater.
1920	Danjon (Strasbourg) entdeckt die Beziehung zwischen der Helligkeit der Finsternisse und der Sonnenaktivität.
1946	Erstes Radarecho von dem Monde durch Bay (Ungarn).
1946	Nachweis der Mondlumineszenz im Halbschatten durch Link (Ondrejov).
1955	Nachweis der Mondatmosphäre durch Elsmore (England).
1959 13. IX.	Der russische Lunik 2 stürzt auf den Mond.
1959 7. X.	Der russische Lunik 3 photographiert die andere Seite des Mondes.
1964 31. VII.	Der amerikanische Ranger 7 photographiert den Mond aus geringer Höhe.
1966 3. II.	Weiche Landung der russischen Luna 9.
1966 2. VI.	Weiche Landung des amerikanischen Surveyor 1.
1968 24. XII.	Erste Umkreisung des Mondes durch drei amerikanische Astronauten (Apollo 8).
1969 20. VII.	Landung auf dem Mond durch Armstrong und Aldrin (Apollo 11-Unternehmen).
21. VII.	Um 3.56 (MEZ) macht Armstrong den ersten Schritt im Meer der Ruhe.
24. VII.	Armstrong, Aldrin und Collins landen im Pazifik. Apollo 11 erfolgreich abgeschlossen.

2. Lage und Bewegung des Mondes

Entfernung des Mondes. Die Bestimmung der Mondentfernung beruht im allgemeinen auf den Messungen der Mondparal-

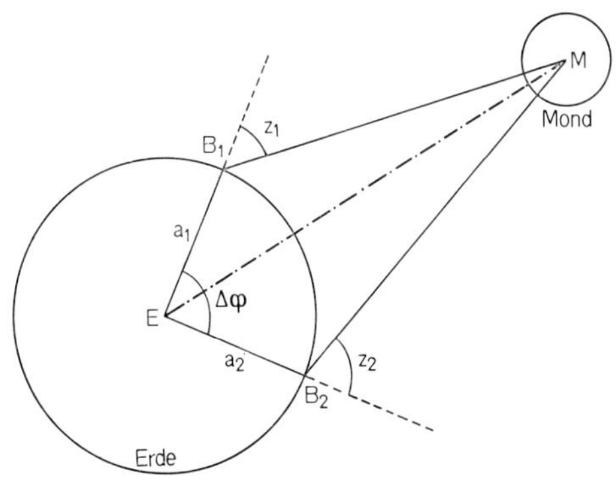

Abb. 1. Bestimmung der Mondentfernung

laxe, d. h. eines Winkels, unter welchem der Mondbeobachter eine bestimmte Längenbasis auf der Erde sieht. Nehmen wir im einfachsten Falle zwei Erdbeobachter B_1 und B_2 (Abb. 1) an, die sich am gleichen Meridian befinden. Während des Meridiandurchganges des Mondes messen sie die lokalen sogenannten topozentrischen Zenitdistanzen des Mondes z_1 und z_2. In dem Viereck $E\,B_1M\,B_2$ kennen wir auch die Breitendifferenz der beiden Stationen $\Delta\varphi$ sowie ihre Distanzen vom Erdzentrum a_1 und a_2. Eine trigonometrische Lösung gibt dann die Diagonale $\overline{EM}$, d. h. die Mondentfernung.

Zur praktischen Durchführung dieser Methode hat man früher zwischen Greenwich (England) und dem Kap der Guten Hoffnung (Südafrika), die beinahe am selben Meridian liegen, eine große Reihe von Messungen unternommen. Diese haben zur mittleren

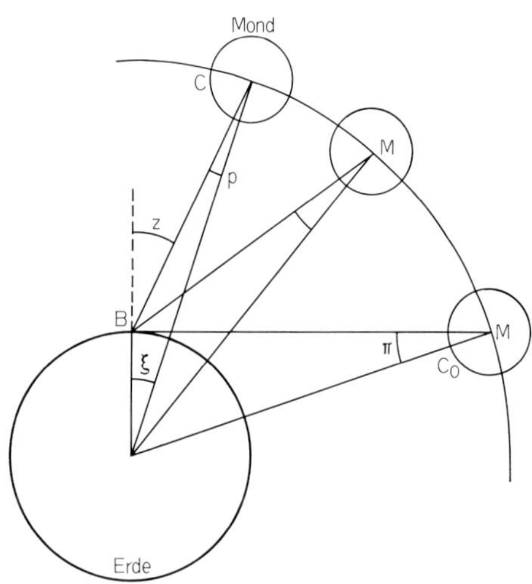

Abb. 2. Höhenparallaxe des Mondes

Äquatorparallaxe von $57'\,2{,}46''$ geführt, die mit dem Äquator-Halbmesser der Erde 6378,17 km die mittlere Mondentfernung von 384 400 km ergibt.

In jüngster Zeit hat man in Amerika die Radar-Technik (S. 52) zur Bestimmung der Mondentfernung benützt. Es ergab sich im Einklang mit der trigonometrischen Methode die mittlere Entfernung von $384\,402 \pm 1$ km.

Wenn man jetzt nur an einem Ort B (Abb. 2) die topozentrische Zenitdistanz des Mondes z bestimmt, ist diese um den Winkel p größer als die geozentrische Zenitdistanz ζ. Die Differenz der beiden $z-\zeta=p$ wird die Höhenparallaxe genannt. Sie ist am größten, wenn sich der Mond am Horizont befindet; man spricht in diesem Falle von der Horizontparallaxe π des Mondes. Sie beträgt etwa $1°$. Da die Erde keine vollkommene Kugel ist, hängt seine Größe auch von der Stellung des Beobachters auf der Erde ab. Am größten ist sie für einen Äquatorbeobachter.

In astronomischen Jahrbüchern wird immer die horizontale Äquatorealparallaxe als Maß der Mondentfernung angegeben. Zwischen den beiden Größen gibt es eine einfache trigonometrische Beziehung, die aus den Zahlen der folgenden Tabelle ersichtlich ist. Dort finden wir auch die Grenzen, in welchen die Mondentfernung infolge der Bahnelliptizität schwankt (Abb. 3).

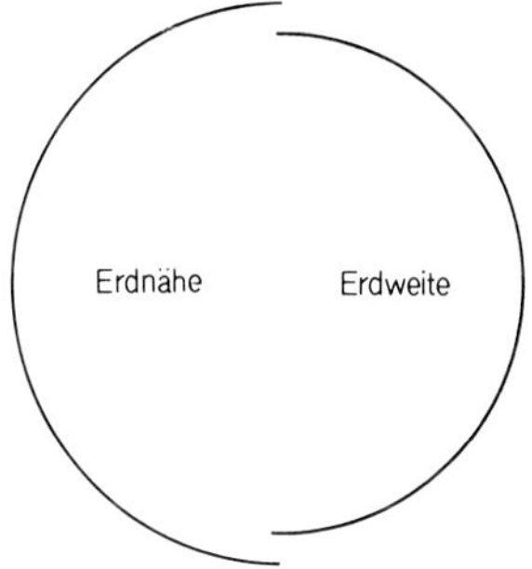

Abb. 3. Scheinbare Größe des Mondes aus Erdnähe und Erdweite gesehen

Parallaxe	Halbmesser	Relative und absolute Entfernung	
61' 27''	16' 45''	0,9281	356 800 km Erdnähe
57' 02''	15' 33''	1,0000	384 400 km mittlere Entfernung
53' 57''	14' 42''	1,0572	406 400 km Erdweite

Bahnbewegung des Mondes. Schon im Altertum hatte man eine recht gute Vorstellung von der wahren Mondbewegung. Man wußte schon damals, daß der Mond die Erde in einer Bahn umrundet, die sich von einem Kreis nur wenig unterscheidet. Der Mond bewegt sich nach dem Gravitationsgesetz in einer Ellipse für den Fall, daß es sich nur um die Erde und den Mond handelt. Die gleichzeitige Wirkung der Sonne und in kleinerem Maße auch der Planeten stört leider diese Verhältnisse. So ist die genaue Theorie der Mondbewegung gegenwärtig zu einem der schwierigsten und interessantesten Probleme der Himmelsmechanik geworden.

Wozu braucht man eigentlich die genaue Lage des Mondes am Himmel zu wissen? Zuerst waren es die Bedürfnisse der Kalender-

macher, dann kam die Astrologie, im 16.—17. Jahrhundert war es
die Schiffahrt und in letzter Zeit die Astronautik. Gegenwärtig,
da zwei der größten Staaten der Welt den Mond zum Ziele haben,
ist die genaue Theorie der Mondbewegung besonders wichtig geworden. Zur Erreichung dieses Zieles setzt man in einem ehrgeizi-
gen und politischen Wetteifer Riesensummen für die Forschung
ein. So hoffen wir, daß sich der Leser aus aktuellem Anlaß für
die Theorie der Mondbewegung ein wenig interessieren wird.

Nach den KEPLERschen Gesetzen sollte der Mond unsere Erde
in einer Ellipse umkreisen. Die Störungen dieser Ellipse, die sehr
langsam fortschreiten, nennen wir die sekulären Störungen. Von
ihnen sind zwei von Bedeutung. Erstens bewegt sich die Knotenlinie (Abb. 4) der Mondbahn gegen Westen, so daß die Rückkehr

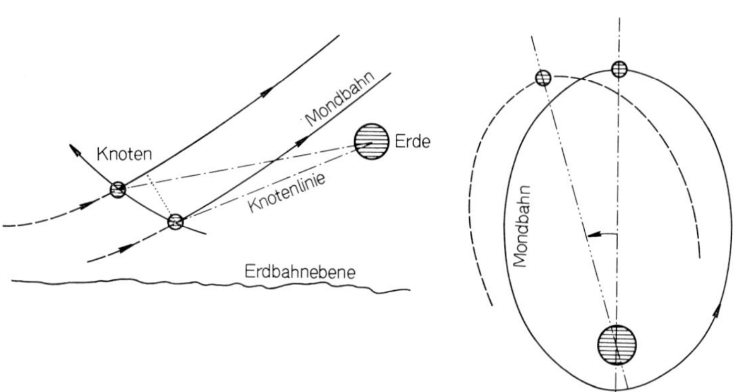

Abb. 4. Sekuläre Störungen der Mondbewegung. Links die Knotenbewe-
gung, rechts die Achsenbewegung

des Mondes zur Knotenlinie in kürzerer Zeit (drakonistischer
Monat) erfolgt als der wahre Umlauf des Mondes gegenüber den
Sternen (siderischer Monat). Auch die große Achse der Bahn-
ellipse dreht sich infolge der sekulären Störungen, aber gegen
Osten, und die Rückkehr dauert etwas länger (anomalistischer
Monat). Wenn wir endlich den Mondumlauf auf die Sonne be-
ziehen, dann haben wir den später erwähnten synodischen Mo-
nat (S. 13).

Verschiedene Mondumläufe

		Tage	Stunden	Minuten	Sekunden
Siderischer Monat	— Rückkehr zum Stern	27	7	43	11,5
Drakonistischer Monat	— Rückkehr zum Knoten	27	5	5	35,8
Anomalistischer Monat	— Rückkehr zur Erdnähe	27	13	18	37,4
Synodischer Monat	— Rückkehr zur Sonne	29	12	44	2,8

Jetzt kommen wir zu periodischen Störungen (Abb. 5). Die erste, die Evektion, wurde schon von Hipparchos (2. Jh. v. Chr.) erkannt. Wenn die große Achse der Bahnellipse gegen die Sonne gerichtet ist, so wird sie durch die Sonnenanziehung verlängert und dadurch wird auch die Bahnellipse deformiert. Wenn die kleine Achse zur Sonne zielt, dann wird auch sie vergrößert und die Bahnellipse im umgekehrten Sinne deformiert. Dadurch entsteht eine periodische Verlagerung des Mondes in seiner Bahn, die den Winkel von 1° 16′ erreichen kann. Es ist also kein Wunder, daß eine relativ so große Störung den Alten nicht entgangen ist, da sie z. B. die Entstehung der Finsternisse beträchtlich beeinflussen kann.

Die zweite Störung, die Variation, wurde erst von Abdul-Wefa (im 10. Jahrhundert) erkannt und von Tycho Brahe (Ende 16. Jahrhundert) genauer bestimmt. Wenn der Mond sich im ersten Viertel von der Sonne weg (Abb. 5) und im letzten Viertel zur Sonne hin bewegt, so wird seine Bewegung gebremst oder beschleunigt. Bei Voll- oder Neumond verschwindet diese Störung gänzlich. Da die größte Wirkung nur 39′ beträgt und die Finsternisse nicht beeinflußt, blieb sie den Alten unbekannt. Eine weitere Störung entsteht dadurch, daß die Anziehungskraft der Sonne infolge der elliptischen Erdbahn im Laufe des Jahres ein wenig veränderlich ist. Sie beträgt 11′ und wurde von Kepler (17. Jahrhundert) entdeckt.

Dazu kommen andere kleinere, aber sehr zahlreiche Störungen, die nur mit dem Fernrohr zu beobachten sind. Newton (1687) war der erste, der ihre wahre Ursache erklärte, da sie früher nur empirisch behandelt wurden. Mit Newtons Gravitationsgesetz wurde eine neue Bahn eröffnet, die viele berühmte Mathematiker im 18. und 19. Jahrhundert verfolgten. Das letzte Wort ist hier die Brownsche Theorie (1896—1908). Sein großes Tafelwerk (3 Quartbände 1919) wurde in letzter Zeit nicht mehr wie früher benützt, aber in das Programm und ins Gedächtnis der elektroni-

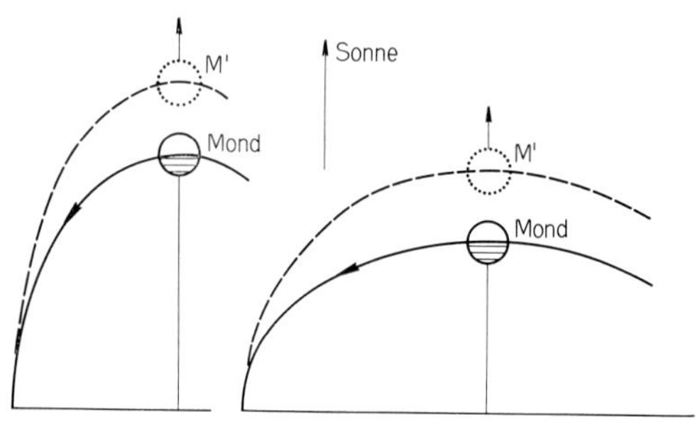

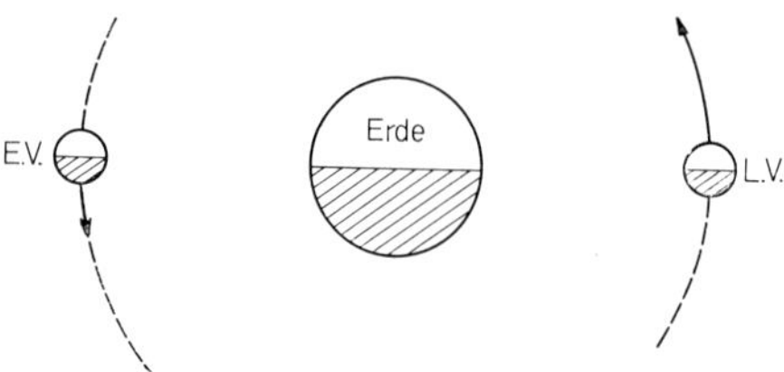

Abb. 5. Periodische Störungen der Mondbewegung. Oben die Evektion, unten die Variation

schen Computer eingesetzt und daraus unmittelbar die Lage des Mondes im Raume berechnet.

Der Mondumlauf um die Erde hat NEWTON zur Entdeckung des Gravitationsgesetzes geführt. NEWTON hat folgendermaßen überlegt: Der Mond durchläuft auf seiner Bahn (Abb. 6) in einer Sekunde den Bogen AB; ohne Erdanziehung müßte er sich geradlinig von A nach C bewegen. Mit anderen Worten, der Mond fällt in jeder Sekunde die Strecke CB, die man leicht aus den geometrischen Verhältnissen berechnen kann. Sie beträgt 0,14 m. Auf der

Erdoberfläche fällt jeder Körper in der ersten Sekunde 4,90 m. Da die Mondentfernung 60 Erdhalbmesser ausmacht, hat daraus NEWTON geschlossen, daß die Erdanziehung mit dem Quadrate der Entfernung abnimmt; denn $60 \cdot 60 = 3600$, und $3600 \cdot 0{,}14$ m (Fallstrecke des Mondes) $= 4{,}90$ m (Fallstrecke auf der Erde). NEWTON hat diese Erfahrung verallgemeinert und als berühmtes Gesetz der allgemeinen Gravitation ausgesprochen: „Alle Körper ziehen sich mit der Kraft an, die ihrer Masse direkt und dem Quadrat ihrer Entfernung umgekehrt proportional ist." Wenn hier der fallende Apfel eine anekdotische Rolle gespielt hat, müssen wir zugeben, daß ohne fallenden Mond NEWTON sein Gesetz nicht entdeckt hätte.

Beschleunigung der Mondbewegung. Die Mondbewegung um die Erde zeigt eine Besonderheit, die schon im 17. Jahrhundert von HALLEY entdeckt wurde. Der Mondumlauf, durch die Erdrotation als Zeitmaß bestimmt, zeigt eine Beschleunigung, die zwar

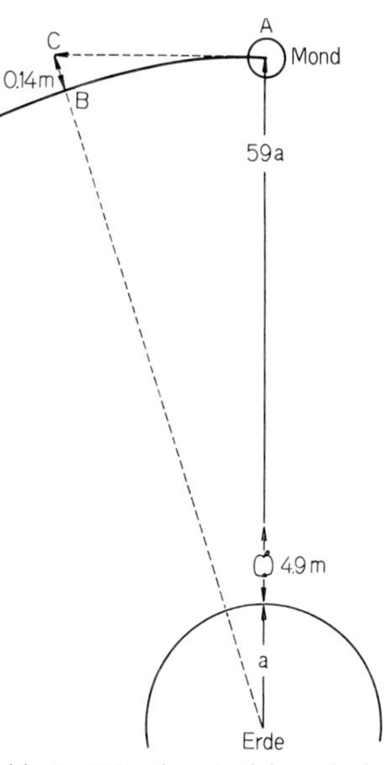

Abb. 6. Wie der Apfel und der Mond zur Erde fallen

sehr klein zu sein scheint, etwa $10''$ pro Jahrhundert, die aber im Laufe der Zeit seit den ältesten astronomischen Beobachtungen sich ganz gut bemerkbar macht, da sie mit dem Quadrat der Zeitspanne anwächst. So konnten die alten Sonnenfinsternisse benützt werden, um die damalige Lage des Mondes relativ zur Sonne zu bestimmen.

Man hat lange über die wahre Ursache dieser Erscheinung nachgedacht, da eine so große Beschleunigung mit dem Gravitationsgesetz nicht vereinbar ist. Endlich ist man auf die richtige Erklärung gekommen. Man hat nämlich gefunden, daß nicht nur der Mond, sondern auch die sich rasch bewegenden Planeten, wie

Merkur, Venus und Erde, eine Beschleunigung zeigen, die aber kleiner ist, und zwar im direkten Verhältnis der Bewegungen. Die Erklärung liegt jetzt auf der Hand. Alle diese Himmelskörper beschleunigen sich nicht, aber unsere Erde, deren Rotation als Maß dient, verlangsamt sich. Damit wurde das Dogma der gleichmäßigen Rotation der Erde gestürzt. Die moderne Technik hat uns als Ersatz die Quarz- und Atomuhr geliefert. Das ist aber nur eine Aushilfe, weil für längere Zeitspannen noch der Mond als ein großartiger Uhrzeiger bestehen bleibt.

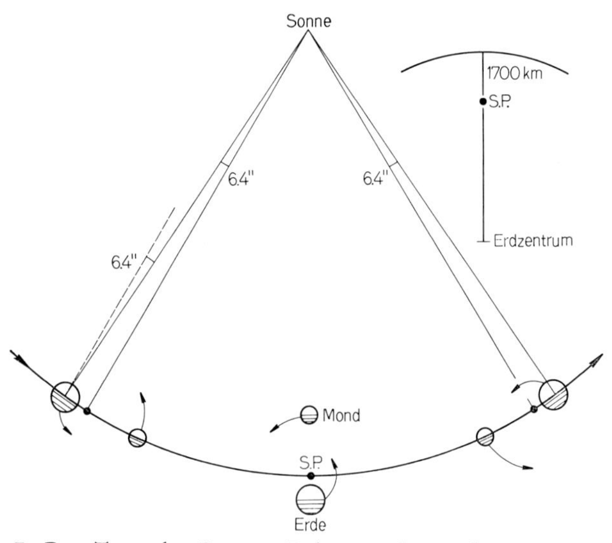

Abb. 7. Der Tanz des Systems Erde—Mond um ihren Schwerpunkt, rechts die wahre Lage des Schwerpunktes innerhalb der Erde

Bei dieser Gelegenheit wollen wir ganz knapp auch die Ursache der Verlangsamung der Erdrotation berühren. Man kann es in Kürze so sagen: Die Erscheinung ist durch den Mond bestimmt, aber auch teilweise durch den Mond bedingt. Die große Flutwelle, die durch ihn in den Weltmeeren erzeugt wird und die dem Mond folgt, bremst die Rotation durch Reibung ab, insbesondere in wenig tiefen Meeren.

Masse des Mondes. Die Masse des Mondes wird wie bei allen anderen Himmelskörpern durch seine Gravitationswirkung bestimmt. Die älteste Methode zur Massenbestimmung ist dadurch gegeben, daß der Mond nicht die Erde, sondern den gemeinsamen Schwerpunkt des Systems Erde + Mond umläuft. Die Erde tut das gleiche (Abb. 7). Nur der Schwerpunkt der beiden Körper bewegt sich um die Sonne in einer Ellipse, die man Erdbahn nennt. Bei seinem monatlichen Umlauf befindet sich die Erde periodisch vor oder hinter dem Schwerpunkt, was sich natürlich in der Lage der Sonne am Himmelsgewölbe spiegelt. Diese periodische Verlagerung der Sonne, die man als „lunare Ungleichheit" bezeichnet, wurde zu 6,4″ bestimmt.

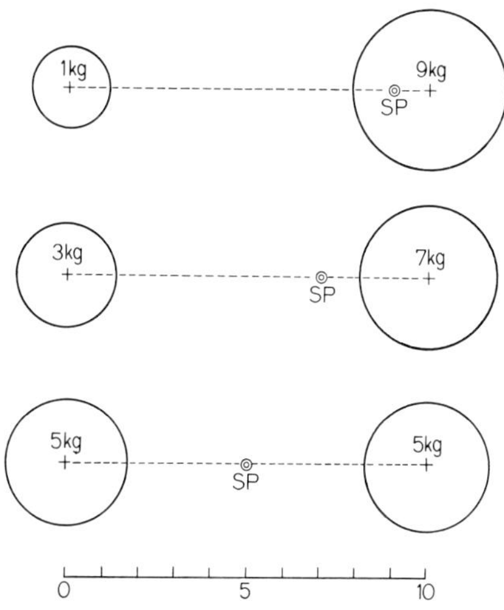

Abb. 8. Verschiedene Lagen des Schwerpunktes von zwei Massen

Nach den physikalischen Gesetzen befindet sich der Schwerpunkt von zwei Massen in ihrer Verbindungslinie, wobei seine Entfernung im umgekehrten Verhältnis zu beiden Massen steht (Abb. 8). Die Entfernung des Schwerpunktes vom Erdzentrum entspricht also, von der Sonne gesehen, einem Winkel von 6,4″ (Abb. 7) und kann aus der bekannten Sonnenentfernung in Kilometer umgerechnet werden. Sie beträgt 4683 km, d. h. $^1/_{82}$ der Mondentfernung. Aus der Abb. 8 ersieht man leicht, daß die Mondmasse $^1/_{81}$ der Erdmasse sein muß. Der genaue Wert ist 1/81,3, d. h. 73,5 Trillionen Tonnen. Wenn man sie mit der Mondgröße kombiniert, so erhält man folglich die mittlere Dichte zu 3,34 gr/cm³ gegenüber der Erddichte von 5,54 gr/cm³. Die Monddichte nähert sich also der Dichte der Erdkruste.

Eine andere Methode zur Bestimmung der Mondmasse ergab die Astronautik. Die Bewegung einiger Raumsonden wie Ranger 6 bis 9 oder Mariner 4 wurde durch die Mondanziehung beeinflußt und daraus konnte auch die Mondmasse bestimmt werden, im Einklang mit dem oben gegebenen Wert.

Größe des Mondes. Die Größe des Mondes wird aus dem scheinbaren Durchmesser und der Entfernung berechnet. Für den mittleren scheinbaren Durchmesser hat man 31′ 5,2″ gefunden. Da die mittlere Entfernung (S. 5) 384 400 km beträgt, ergibt sich daraus trigonometrisch der wahre Monddurchmesser von 3476 km. Man sieht, daß die Mondgröße etwa ¼ von jener der Erde ist. Für die Mondoberfläche erhält man den Bruchteil etwa ¹/₁₆ und für den Rauminhalt ¹/₆₄ der Erde.

Die genaue Bestimmung der Mondgröße ist aber nicht so einfach, wie es auf den ersten Blick aussieht. Die Werte des scheinbaren Durchmessers, die man z. B. mit Hilfe des Heliometers (S. 18) gefunden hat, bedürfen immer einer Korrektion wegen der Irradiation, die die helle Mondscheibe ein wenig (um 2″) größer erscheinen läßt, abgesehen von der Phase und den Unregelmäßigkeiten des Mondrandes. Der mittlere Umriß der Mondscheibe ist wenig von einem Kreis verschieden; er ähnelt einer Ellipse, deren große Achse durch den NW und SE Quadranten geht. Allerdings beträgt die Differenz nur 2—3 km.

Mondphasen. Der Mond besitzt, wie andere Körper des solaren Systems, kein eigenes Licht; er sendet bloß an seiner Oberfläche gestreutes Sonnenlicht aus. Infolge der veränderlichen Lage des Mondes zur Sonne (Abb. 9) sehen wir bald die ganze Mondscheibe als Vollmond, bald nur einen Teil, wie z. B. das erste oder letzte Viertel. Bevor der Mond als Neumond verschwindet, sieht man die Mondsichel in der Form eines C und nach dem Neumond ähnlich einem D, weshalb schon im alten Rom der Mond als Lügner bezeichnet wurde („luna mendax"); er erscheint ja als C (crescens = zunehmend), wenn er abnehmend ist, und wenn er zunimmt, sieht man seine Form als D (decrescens = abnehmend).

Man versteht leicht, daß der Phasenwechsel des Mondes zu den bemerkenswertesten Himmelserscheinungen gehört. Die Periode des Wechsels ist etwas länger als die wahre (siderale) Umlaufzeit des Mondes um die Erde, da die letztere sich um die Sonne be-

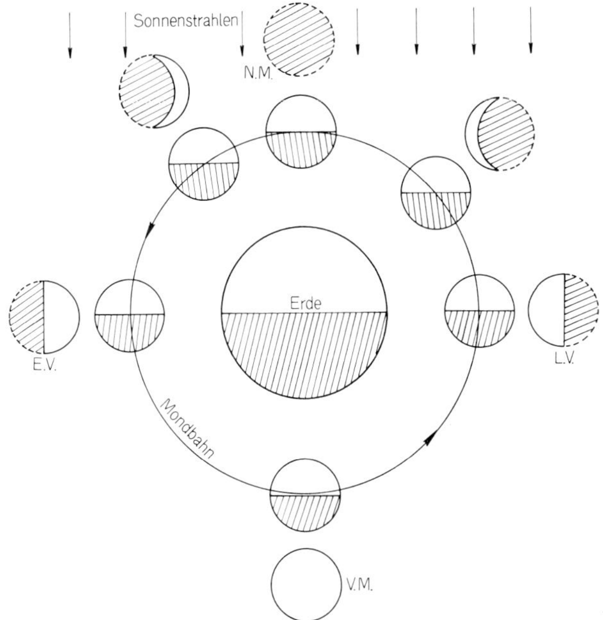

Abb. 9. Entstehung der Mondphasen

wegt, und unser Begleiter muß deshalb die Sonne einholen, um z. B. die Neumondphase von neuem zu erreichen. Diese Periode heißt der synodische (= Begegnungs-) Monat und seine Länge beträgt 29 Tage, 12 Stunden, 44 Minuten, 2,8 Sekunden.

Mondphasen im Kalenderwesen. Der Phasenwechsel des Mondes diente schon im Altertum als Grundlage der Zeitrechnung. Mancher alte und bis auf heute erhaltene Kalender, z. B. der mohammedanische, hat ausschließlich den Mond zur Grundlage, während die anderen Kalender, wie der christliche, nur teilweise die Mondphasen berücksichtigen. Da die Länge des synodischen

Monats nicht ganz ohne Rest in dem Umlauf der Erde um die Sonne (= Jahreslänge) enthalten ist, bewegen sich die Mondphasen in jenen Kalendern, die wie der unsere die Sonne als Grundlage haben. Dadurch entstehen manche Schwierigkeiten bei den Juden oder Mohammedanern, die inmitten der christlichen Völker leben und trotzdem in ihrem Kalender die Religion berücksichtigen wollen.

Auch in unserem christlichen Kalender stellt sich eine Komplikation ein, und zwar durch die Lage der Osterfeste. Nach einer christlichen, aus dem 4. Jahrhundert stammenden Regel, soll der Ostersonntag auf den ersten Sonntag fallen, der dem ersten Frühlingsvollmond folgt. Deshalb sind die Osterfeste (und Ferien) in der Zeitspanne zwischen 22./III.—25./IV. beweglich. Leider scheiterten bisher alle Absichten der Kalenderreform.

Schon dem griechischen Philosophen THALES (632—546 v. Chr.) wurde die Ursache der Mondphasen bekannt. Bald darauf, im Jahre 433 v. Chr., entdeckte der Grieche METON die Regel, nach der die Mondphasen durch das Jahr wandern. Er hat den Zyklus von 19 Jahren festgestellt, der auch seinen Namen trägt. Alle 19 Jahre fallen die Mondphasen auf dasselbe Datum. Das ergibt sich aus der Formel:

236 Lunationen von $29^{1}/_{2}$ Tagen = fast genau 19 Jahre von $365^{1}/_{4}$ Tagen.

Dieser Metonsche Befund wurde damals so hoch geschätzt, daß er in goldener Schrift in Stein gemeißelt wurde. Die Jahre sind daher in dem Metonschen Zyklus von 1 bis 19 numeriert und die Nummer 1 erhält das Jahr, in welchem der Neumond auf den 1/I fällt, wie es z. B. im Jahre 1957 geschah. Diese Zahlen (1—19) heißen auch die goldenen Zahlen der betreffenden Jahren.

Aschgraues Licht des Mondes. Kurz nach dem Neumond sieht man abends und kurz vor dem Neumond morgens ohne Schwierigkeit den ganzen Mondball, die Sichel hell und die übrigen Teile aschgrau. Diese Erscheinung wurde schon im 15. Jahrhundert durch den Widerschein der beleuchteten Erde erklärt.

Es ist klar, daß in dem System Erde + Mond die beiden Himmelskörper immer die komplementären Phasen zeigen. Zum Beispiel ist bei Neumond die Erde voll und beleuchtet deshalb sehr stark den Mond. Wenn man sich vom Neumond entfernt, so nimmt die Erdphase mehr und mehr ab und ebenso auch die Beleuchtung des Mondes. Das aschgraue Licht schwächt sich also ab und verschwindet praktisch in der Nähe des ersten Viertels. Trotzdem kann man es noch länger beobachten, aber nur mit speziellen Instrumenten.

Die Messungen des aschgrauen Lichtes geben uns die Möglichkeit, das Erdlicht zu bestimmen, als ob es vom Monde gemessen würde. Da man weiß, welchen Bruchteil des Sonnenlichtes die Mondoberfläche zurückwirft (S. 39), kann man auch aus der Intensität des aschgrauen Lichtes auf die Größe des Erdlichtes schließen. Man hat so erkannt, daß die Erde etwa 40⁰/₀ des einfallenden Lichtes in den Raum zerstreut und daß die Farbe der Erde bläulich ist, was durch Farbphotographien aus sehr hohen Erdsatelliten bestätigt wurde. Auch die jährlichen Fluktuationen des Erdlichtes wurden beobachtet. Sie sind durch jährliche Änderung der Wolken- und Schneedecke bedingt.

Alle Beobachter des aschgrauen Lichtes werden sicher noch eine andere Erscheinung bemerken, und zwar, daß die helle Mondsichel größer als der dunkle Rest des Mondes erscheint. Dies ist aber nur eine optische Täuschung, die man der Irradiation zuschreibt. Dunkel macht schlank, das wissen ja alle Frauen!

Rotation des Mondes. Die zweitwichtigste Bewegung des Mondes ist seine Rotation. Dabei gelten drei von J. D. CASSINI im 17. Jahrhundert entdeckten Gesetze:

1. Die Rotation erfolgt im direkten Sinne, d. h. von Westen nach Osten in derselben Zeit, in welcher der Mond seinen Umlauf um die Erde vollendet.

2. Der Neigungswinkel der Rotationsachse gegen die Erdbahnebene (Ekliptik) ist konstant und gleich $1° 32'$.

3. Die gegenseitige Lage der Mond- und der Erdbahnebene gegen diejenige des Mondäquators zeigt uns die Abb. 10.

Das erste Gesetz entspricht der bekannten Tatsache, daß der Mond uns immer dieselbe Seite zeigt, während die andere Seite uns bis vor kurzem verborgen blieb. Infolge der elliptischen Bahnbewegung, die bald rascher bald langsamer vor sich geht, und der regelmäßigen Rotation findet die Synchronisierung der beiden Bewegungen nur zweimal in einem Monat statt. Sonst geht die scheinbare Rotation dem ersten Gesetz etwas vor oder nach

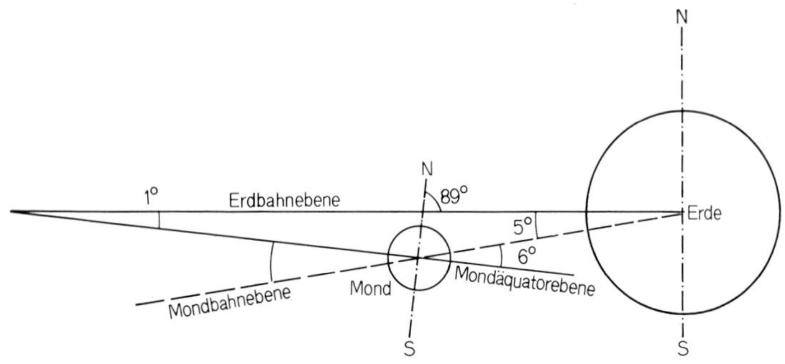

Abb. 10. Gegenseitige Lage der Mond- und Erdebene

(Abb. 11). Mit anderen Worten: ähnlich wie bei der Bewegung einer Waage entsteht in dieser Weise eine Schwankung des von

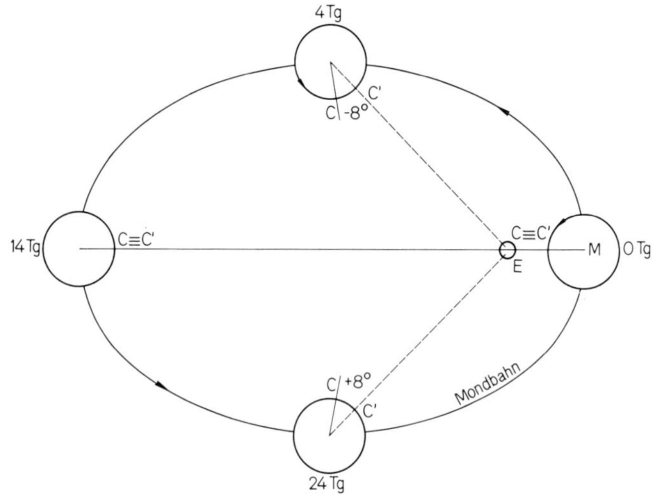

Abb. 11. Entstehung der Libration in der Länge

der Erde sichtbaren Zentrums der Mondscheibe gegen Osten oder Westen von ungefähr ±8°, die man Libration (Waage lat. Libra) in der Länge nennt. Dazu kommt die Libration in der Breite, weil sich die Erde bald oberhalb, bald unterhalb der Äquatorebene des Mondes befindet (Abb. 12). Ihr Betrag ist $\pm 7°$.

Zu diesen zwei Librationen, die eine monatliche Periode haben, kommt noch die tägliche Libration. Wenn der Mond vom Horizont zum Zenit steigt (Abb. 2), verschiebt sich die von dem Beobachter gesehene Scheibenmitte um den Winkel p, den wir schon

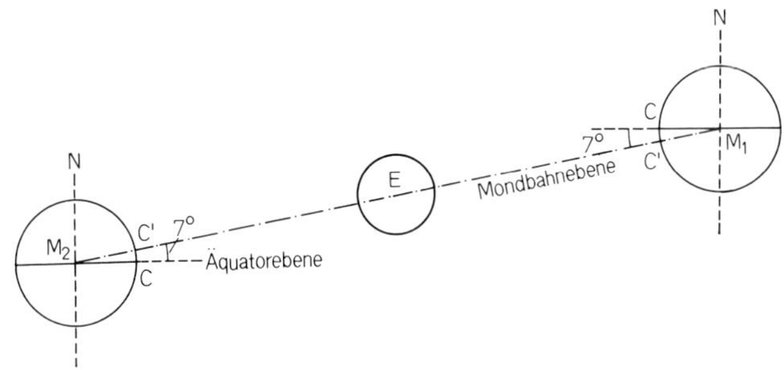

Abb. 12. Entstehung der Libration in der Breite

früher (S. 4) Höhenparallaxe nannten. Die größte, tägliche Libration ist also der Horizontalparallaxe gleich ($1°$).

Wenn wir im Augenblick immer 50% der Mondoberfläche sehen, so können wir doch in Wahrheit infolge der Libration etwa 59% insgesamt beobachten. Es handelt sich dabei um Randgebiete, die leider sehr deformiert (verkürzt) erscheinen. Erst die Orbiteraufnahmen (S. 81) haben uns dort alle Details gezeigt.

Eine andere Folge der Libration konnte erst in letzter Zeit beobachtet und ausgenützt werden. Die Mondoberfläche ist ja gegen die Erde nicht ganz unbeweglich, wie es ohne Libration der Fall wäre; eine Hälfte der Scheibe nähert sich der Erde, während die andere sich von ihr entfernt, was mit einer empfindlichen Radarapparatur bemerkbar ist (S. 52).

Die optische Libration ist groß genug, um sie mit bloßem Auge zu bemerken (Abb. 13). Nichtsdestoweniger wurde sie erst von GALILEO GALILEI mit dem Fernrohr entdeckt und von den späteren Selenographen RICCIOLI und HEVELIUS weiter beobachtet. Dies alles war in der ersten Hälfte des 17. Jahrhunderts. Bald darauf kam NEWTON, der alle drei optischen Librationen in seinen „Principia" (1687) erklärte. Er hat auch die Existenz der physischen

Libration angedeutet, die dem Monde theoretisch die Möglichkeit gibt, seinen Schwerpunkt ein wenig hin und her schwanken zu lassen. Die Amplitude ist aber zu klein und man mußte auf die bahnbrechenden Arbeiten von Bessel (1839) und seinen Nachfolgern warten, um etwas Näheres über diese Libration zu erfahren.

Abb. 13. Ansicht des Mondes während zwei extremen Librationen, T ist Tycho und M. C. Mare Crisium

Bessel hat die Methode der heliometrischen Messungen in die Ausmessung des Mondes (= Selenodesie) eingeführt. Er hat in der Nähe des Zentrums der Mondscheibe einen winzigen Krater Mösting A gewählt und seine Entfernung von dem Mondrand systematisch gemessen. Dazu hat Bessel ein eigenartiges Gerät, das Heliometer benützt. Es besteht aus einem astronomischen Objektiv (Abb. 14), das in zwei Hälften geteilt ist. Diese können mit Hilfe einer Mikrometerschraube meßbar verschoben werden. Im allgemeinen sieht der Beobachter in dem Okular alle Bilder doppelt. Zuerst bringt er die beiden Bilder M_1 und M_2 des Kraters durch die Drehung der Mikrometerschraube zur Deckung und liest die Lage der beiden Objektivhälften ab. So wird der Nullpunkt bestimmt. Dann bringt der Beobachter durch die Mikrometerschraube das Bild M_1 an den Rand m_2 des Mondes. Die Differenz der beiden Lagen gibt die Entfernung x des Kraters vom Rande.

Der Vorteil des Heliometers liegt darin, daß man größere Winkel messen kann, die das übliche Feld des Okulars übersteigen. Dazu kommt auch die Tatsache, daß man den Kontakt von zwei ähnlichen optischen Bildern bestimmt, was sicherer ist als der Kontakt des Bildes mit dem Faden des klassischen Okularmikrometers. Dadurch werden die meisten systematischen Fehler eliminiert. Es sei noch vermerkt, daß mit dem Heliometer auch eine große An-

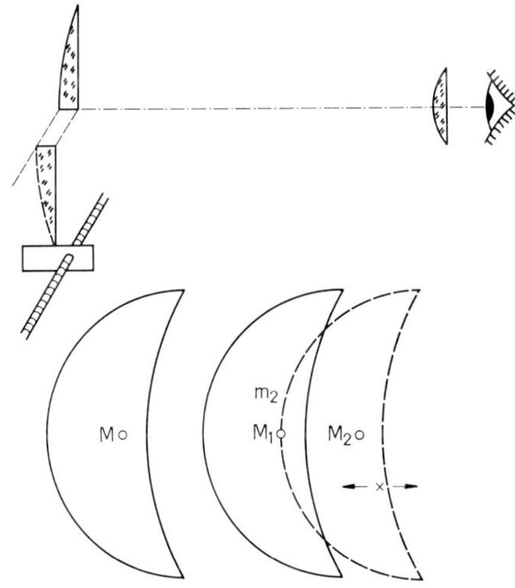

Abb. 14. Heliometrische Messungen des Mondes. Oben das Prinzip des Heliometers, unten links die Bedeckung der zwei Bilder, rechts verdoppelte Bilder bei der Messung

zahl der Mondformationen gemessen wurde, bevor diese etwas umständliche Methode durch Ausmessung der photographischen Aufnahmen ersetzt wurde.

Tag und Nacht auf dem Monde. Infolge der langsamen Rotation des Mondes, die mit dem Umlauf um die Erde zusammenfällt, sind die Tage und Nächte etwa 30mal länger als auf der Erde. Nehmen wir an, daß wir uns in der Nähe der Scheibenmitte (Länge = 0°, Breite 0°) befinden. Der Tag beginnt dort zur Zeit des ersten Viertels auf der Erde, wenn für uns am Mond die Sonne aufgeht. Langsam erhebt sie sich dann über den Horizont und nähert sich dem Zenit. Dieser wird im Zeitpunkt des Vollmondes erreicht, was für uns als Mittag gelten kann. Dann sinkt die Sonne ebenso langsam zum Horizont und erreicht ihn zur Zeit des letzten Viertels. Der ganze Mondtag dauert also die Hälfte des synodischen Monats, d. h. fast 355 Stunden. Ebenso lange dauert auch die folgende Mondnacht vom letzten Viertel über den Neumond bis zum ersten Viertel.

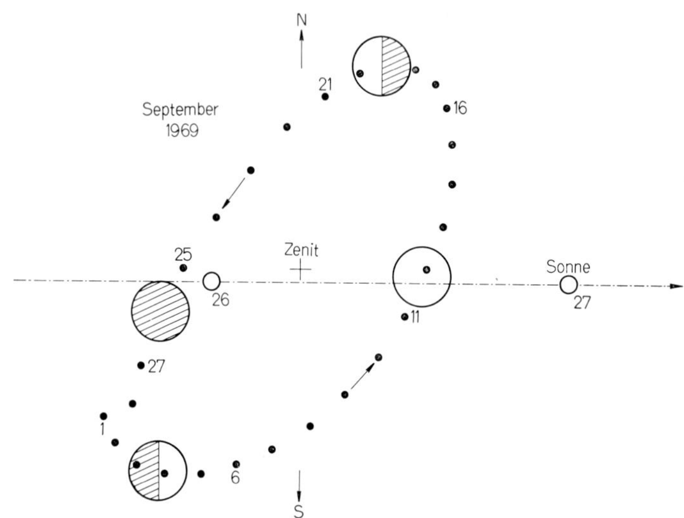

Abb. 15. Zirkumzenitale Wanderung der Erde und der Sonne, gesehen aus der Mitte der Mondscheibe (Sinus Medii). Am 25. September 1969 findet dort die partielle Sonnenfinsternis statt

Je nach dem Ort des Beobachters auf dem Mond sind diese Erscheinungen zeitlich verschoben, verlaufen aber grundsätzlich ganz ähnlich, da die Sonne immer dem Mondäquator sehr nahe bleibt. Die größte Winkelentfernung gegen Norden oder Süden übersteigt nicht $\pm 1{,}5°$, während sie auf der Erde $\pm 23^{1}/_{2}°$ erreichen kann. Mit der Stellung der Sonne ist auch die Temperatur des Mondbodens eng verbunden (S. 43).

Die Sterne bewegen sich am Himmel fast so langsam wie die Sonne. Der Sterntag dauert $27^{1}/_{4}$ Tage, entsprechend dem siderischen Monat (S. 7) und der wahren Dauer der Mondrotation. Wie auf der Erde beschreiben dabei alle Sterne größere oder kleinere Kreise um den Polarstern, der in dem Sternbild des Drachens liegt. Die künftigen Beobachter auf dem Mond werden also wenig

Mühe haben, die Sterne mit dem Fernrohr zu verfolgen — ein Verfahren, das auf der Erde einige Geschicklichkeit verlangt.

Was nun die Erde anbelangt, bleibt sie beinahe unbeweglich am Mondhimmel stehen. Unser Beobachter in der Scheibenmitte hat die Erde immer in der Nähe des Zenits (Abb. 15). Die größte Abweichung kann ungefähr 11° erreichen. Die Beobachter am Mondrand sehen folglich die Erde am Horizont und jede Zwischenlage entspricht einer größeren oder kleineren Erdhöhe über dem Mondhorizont.

Dank der Abwesenheit irgendeiner Atmosphäre sollten die Sterne auch während des Mondtages sichtbar bleiben. Die Erfahrung von Astronauten hat aber gezeigt, daß die Sonne sehr stark blendend wirkt und die Sichtbarkeit der schwächeren Sterne bedeutend erschwert. Man kann doch hoffen, daß im Schatten diese Beobachtungen leichter werden. Man kann z. B. erwarten, daß dicht vor Sonnenaufgang auch die äußersten Sonnenschichten — die Sonnenkorona — mit bloßem Auge sichtbar werden, was auf der Erde nur bei totalen Sonnenfinsternissen möglich ist. Tatsächlich haben die Astronauten des Apollofluges 8, wenn auch unbewußt, die Sonnenkorona gesehen.

3. Selenographie

Selenographische Koordinaten. Wie auf der Erde haben wir auch auf dem Mond ein Koordinatennetz eingeführt. Es handelt sich dabei um die selenographische Länge λ und die selenographische Breite β. Das ganze System ist aus der Abb. 16 ersichtlich, wobei das Zeichen der beiden Koordinaten zu beachten ist. Ihre Bestimmung wurde früher durch mühsame visuelle Messungen erzielt. Jetzt aber benützen wir statt der mit Mikrometer versehenen Fernrohre die photographischen Aufnahmen der Mondoberfläche, deren Vermessung in aller Ruhe leicht die erwünschte Genauigkeit gibt. Sie hängt aber von der Lage auf der Mondscheibe ab. Am genauesten sind die Bestimmungen in der Mitte. Dort erzielt man leicht eine Genauigkeit von einigen Bogensekunden, was allerdings auf der Mondoberfläche schon hunderte Meter ausmacht.

In Zukunft, wenn sich die „Selenodäten" mit ihren Theodoliten und Nivellierapparaten auf dem Mond installieren können, wird auch die selenodätische Genauigkeit nicht hinter der geodätischen zurückbleiben. Dazu gehört auch die Kenntnis der Lage der Himmelskörper, wie der Erde, der Sonne, der Planeten und der hellsten Sterne. Man muß schon gegenwärtig an die Berech-

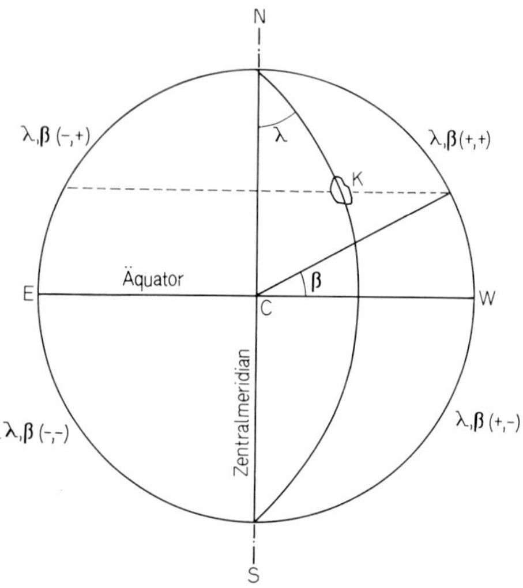

Abb. 16. Definition der selenographischen Koordinaten

nung des astronomischen Kalenders denken, ganz analog, wie wir sie für irdische Zwecke machen. Die genaue Zeit wird natürlich von der Erde durch Radiosignale übermittelt.

Kartographie des Mondes. Die Kartographie unseres Begleiters hat mit der Einführung des Fernrohres in die astronomische Praxis begonnen. Die ersten Zeichnungen der Mondoberfläche stammen von Galilei und wurden in seinem „Nuncius Sidereus" (Sternbote) in Padua im Jahre 1610 veröffentlicht. Bald darauf zeigte sich die Notwendigkeit der Benennung der beobachteten Mondformationen. Langrenus in Flandern (1606—1675), Hevelius in Danzig (1611—1687) und Riccioli mit Grimaldi in Bologna (1651) haben alle versucht, ihre eigenen Ansichten über die Mondnomenklatur durchzusetzen.

Man sah damals irrtümlich die dunklen Flächen der Mondoberfläche für Meere oder Sümpfe an, während die hellen Teile richtig als Kontinente erkannt wurden. Es ist daher eine Ironie der Geschichte, daß die erste Benennung von Meeren überlebte, nicht aber diejenige der Kontinente, die jetzt namenlos sind. Die jetzige Nomenklatur der Mondformationen verdanken wir RICCIOLI und GRIMALDI, welche die Mondkrater mit den Namen bekannter Astronomen, Mathematiker und Philosophen getauft haben. Sie haben dabei auch ihre eigenen Namen auf den Mond geschmuggelt. Aus der Hevelius-Nomenklatur haben die Namen von einigen Meeren überlebt und aus der Langrenschen meist heraldischen Nomenklatur benützen wir nur Sinus Medii (Bucht der Mitte) und Langrenus (ein ziemlich großer Krater, Abb. 17).

Es würde zu weit führen und den Leser ermüden, alle nachfolgenden kartographischen Werke aufzuzählen. Man hat sich namentlich in Deutschland sehr viel mit der Mondkartographie beschäftigt, wovon die Werke von SCHROETER (1791—1822), LOHRMANN (1835), BEER und MÄDLER (1835), SCHMIDT (1878) und in jüngster Zeit von FAUTH (1964) zeugen. Alle diese Kartenwerke wurden gezeichnet, und zwar auf Grund mikrometrischer Messungen oder photographischer Aufnahmen (FAUTH).

Mit der Erfindung der Photographie in der Mitte des 19. Jahrhunderts begann auch die neue Epoche der Mondkartographie. Die Photographie liefert uns getreue, wenn auch nicht immer detailreichste Darstellungen der Mondoberfläche. Auch hier gibt es eine lange Reihe von Werken, von denen wir zuerst den Kuiperschen Atlas (1960) nennen wollen. Eine Abänderung davon ist „Rectified Lunar Atlas" (1964), der die wahre Gestalt wiedergibt, indem die Wirkung der Projektion optisch korrigiert ist. KOPAL hat mit seinen Mitarbeitern zuletzt einen photographischen Atlas veröffentlicht (1965), der auf schönen Aufnahmen der Pic-du-Midi-Sternwarte beruht und eine vollständige „up to date" Nomenklatur enthält. Eine Kombination von photographischen und zeichnerischen Techniken wurde in der letzten Zeit in den Vereinigten Staaten benützt, um eine neue Mondkarte im Maßstab 1 : 1 000 000 (1 mm = 1 km) auszuarbeiten. Das Werk soll insgesamt mit 144 Kartenblättern die ganze von der Erde aus sichtbare Mondoberfläche darstellen. Bis heute ist davon nur ein Teil veröffentlicht

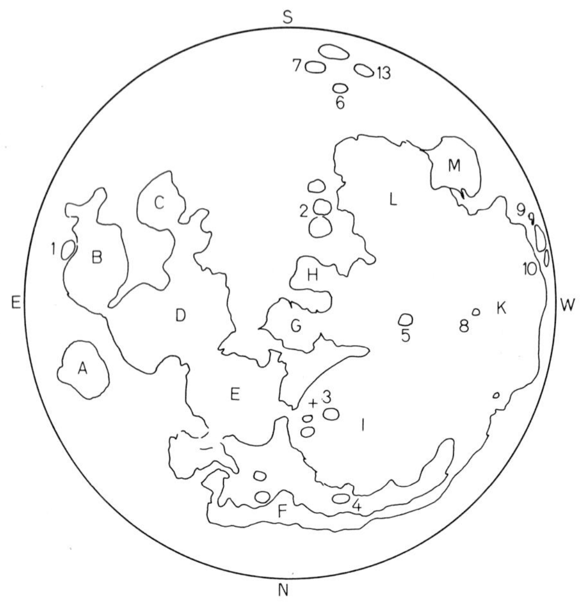

Abb. 17. Übersichtskarte des Mondes

Meere:
A Mare Crisium
   (Meer der Unruhen)
B Mare Foecunditatis
   (M. der Fruchtbarkeit)
C Mare Nectaris
   (M. des Nektars)
D Mare Tranquillitatis
   (M. der Ruhe)
E Mare Serenitatis
   (M. der Helle)
F Mare Frigoris
   (M. der Kälte)
G Mare Vaporum
   (M. der Dämpfe)
H Sinus Medii
   (Bucht der Mitte)
I Mare Imbrium
   (M. der Regen)
K Oceanus Procellarum
   (M. der Stürme)
L Mare Nubium
   (M. der Wolken)
M Mare Humorum
   (M. der Feuchtigkeit)

Krater:
1 Langrenus
2 Alphonsus
3 Landung des Lunik 2
4 Plato
5 Copernicus
6 Tycho
7 Clavius
8 Kepler
9 Riccioli
10 Grimaldi

worden. Solche Karten wollen die Erforschung des Mondes aus der Nähe durch Orbitersatelliten oder durch künftige Astronauten erleichtern.

Auch die andere Seite des Mondes wurde seit dem ersten Flug des Lunik 3 (1959) und den folgenden Flügen amerikanischer und russischer Sonden mappiert und man hat auch die dort beobachteten Formationen benannt. Die Russen haben natürlich daraus ein Vorrecht abgeleitet, auf dem Mond ihnen bekannte und sympathische Namen einzuführen, wenn auch die Internationale Astronomische Union mit ihrer lunaren Kommission (Nr. 17) dazu nicht das letzte Wort gesprochen hat.

Höhenbestimmungen auf dem Monde. Das Mondrelief scheint besonders reich gestaltet zu sein. Das ist aber teilweise optisch bedingt, weil an der Schattengrenze die Unregelmäßigkeiten der Mondoberfläche durch die schräge Beleuchtung und den Schattenwurf sehr übertrieben sind. Um die wahre Höhengliederung der Mondoberfläche zu erhalten, müssen wir eine wirkliche Höhenbestimmung auf dem Monde vornehmen. Eine solche könnte aber erst auf dem Monde selbst genau durchgeführt werden, und zwar durch selenodätische Nivellierung, ganz ähnlich wie es auf der Erde gemacht wird.

Bis dahin müssen wir uns mit verschiedenen, auch weniger exakten Methoden begnügen. Auf der Erde sind alle Höhen auf den Meeresspiegel bezogen. Am Mond fehlt uns dieses gemeinsame Niveau, und wir sind gezwungen, die Höhen auf den mittleren Mondhalbmesser zu beziehen. Dazu brauchen wir eigentlich die Entfernung der betreffenden Punkte vom Mondzentrum. Am Mondrande sehen wir direkt im Profil ohne irgendeine Verkürzung durch Projektion die Höhenunterschiede der einzelnen Punkte. Zur Definition des mittleren Mondrandes müssen wir aber die ganze Peripherie von 360° erfassen, was nur während des wahren Voll- oder Neumondes, d. h. bei der Mond- oder Sonnenfinsternis möglich ist. Dazu sind besonders die ringförmigen Sonnenfinsternisse geeignet, wenn zugleich der Sonnenrand als Basis der Vermessung der photographischen Aufnahmen dienen kann. Diese Methode ist nur auf jenen Bruchteil der sichtbaren Hemisphäre beschränkt, der durch Libration (S. 16) an den Mondrand gebracht werden kann.

Für die übrigbleibenden Partien der Mondoberfläche ist die Schattenmethode anwendbar. Die Länge des Schattens eines Berges hängt von seiner Überhöhung über die Umgebung und der Winkelhöhe der Sonne ab. Die Ausmessung der photographischen Aufnahmen gibt uns die Schattenlänge, und die Winkelhöhe der Sonne bekommen wir durch Berechnung aus der Mondephemeride und der Position des Berges. Man bekommt also die relative, auf die Umgebung bezogene Höhe (Abb. 18).

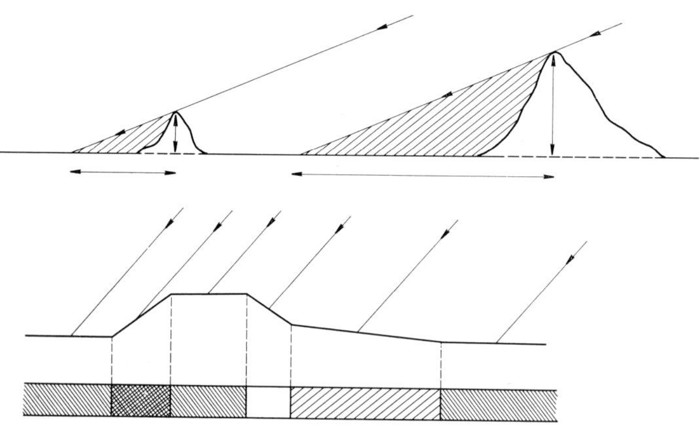

Abb. 18. Höhenbestimmungen auf dem Monde. Oben durch die Schattenlänge, unten durch die photometrischen Messungen

Für flache Gelände benützen wir die photometrische Methode. Die Beleuchtung einer Fläche durch die Sonne hängt von dem Inzidenzwinkel ab (Abb. 18). Diese Beziehung ist besonders empfindlich bei niedriger Sonne, d. h. in der Nähe der Schattengrenze. Wenn dort das Gelände gewellt ist, gibt die Änderung der Helligkeit auch das Maß für die lokale Neigung und daraus auch das Höhenprofil.

Zusammenfassend können wir sagen, daß die Höhen der Berge 7—8 km nicht übersteigen und einzelne Krater eine fast ebenso große Tiefe erreichen.

Mondgebilde. Der Mond ist, was die Oberfläche betrifft, einer der reichsten Himmelskörper. Schon ein Blick mit einem kleinen Fernrohr zeigt eine ungeheure Menge von Kratern, Gebirgen, Ebenen und Rissen, die die ganze Mondscheibe bedecken.

Abb. 19. Vollmondaufnahme der Universität Manchester auf dem Pic-du-Midi Observatorium

Die Sichtbarkeit dieser Formationen hängt von zwei Faktoren ab. Das reiche Mondrelief ist am besten in der Gegend zu sehen, wo die Sonne niedrig steht und lange Schatten wirft. Das geschieht an der Schattengrenze, die im Laufe des synodischen Monats die ganze Mondoberfläche durchläuft. Jede Mondgegend läßt sich also zweimal monatlich unter besten Bedingungen beobachten, einmal bei aufgehender und zum zweitenmal bei untergehender Sonne.

Der zweite Faktor ist die Projektion der Mondkugel auf die Ebene der Mondscheibe. Dadurch sehen wir am Mondrande fast keine Einzelheiten, die in der Mitte am besten zu beobachten sind. Durch die Kombination dieser zwei Effekte bietet der Mond für den irdischen Beobachter den günstigsten Anblick in der Nähe des ersten und letzten Viertels, wenn die Schattengrenze durch die Scheiben-

Abb. 20. Mare Imbrium mit mehreren charakteristischen Mondgebilden

mitte geht. Erst in letzter Zeit haben uns die Orbiter-Beobachtungen von diesen Beschränkungen befreit. Andere Gebilde, wie dunkle Flächen oder helle Streifen, sind während des Vollmondes am deutlichsten zu sehen. Dies hängt teilweise von den besonderen optischen Eigenschaften des Mondbodens ab (S. 38).

In der Reihenfolge ihrer Größe haben wir es beim Mond mit folgenden Gebilden zu tun (Abb. 19):

1. Dunkle Flächen, die ihre frühere Bezeichnung als Meere (lat. Mare) behalten haben.

2. Helle Flächen, die man im Gegensatz zu jenen und richtig als Kontinente bezeichnet.

3. Helle Streifen, die manchmal viele Hunderte Kilometer
lang sind. Alle diese Gebilde sind mit bloßem Auge sichtbar, während die weiteren Mondformationen eines Fernrohrs zur Beobachtung bedürfen (Abb. 20).

4. Krater oder Ringgebirge. Ihre Größe geht von Hunderten
von Kilometern (Clavius 230 km) bis zu den kleinsten Formatio-

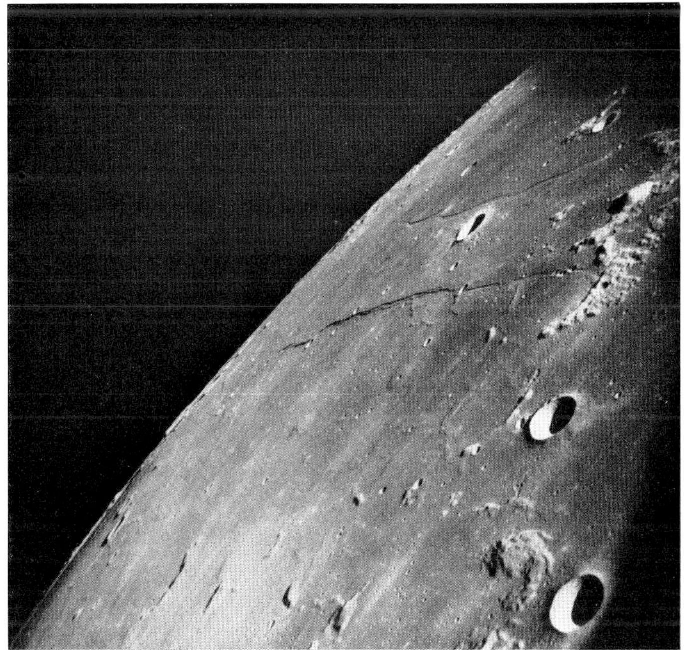

Abb. 21. Krater Cauchy zwischen zwei Rillen aus der Apollo 8-Kabine
photographiert (Photo USIS)

nen von Dezimetergröße, die erst durch Raumsonden (S. 74) entdeckt werden konnten (Abb. 21).

5. Bergketten und isolierte Gipfel (Abb. 20).

6. Kuppelartige Gebilde (Dome).

7. Risse oder ähnliche Einsenkungen (Abb. 21).

8. Aderartige Gebilde, die im gewissen Sinne einen Gegensatz zu den Rissen darstellen.

9. Das Mikrorelief des Mondbodens.

Von diesen Gebilden kann man nur die größten Krater mit bloßem Auge ahnen, besonders wenn sie sich an der Schattengrenze befinden.

Mondkrater. Der Name der Krater bezieht sich auf alle kreisförmigen Gebilde der Mondoberfläche, von den kleinsten, dezimetergroßen Höhlen bis zu den Ringgebirgen von 100 Kilometer Durchmesser. Es ist also nicht so leicht vorauszusetzen, daß es sich um Objekte handelt, die sich nur quantitativ unterscheiden, aber qualitativ zu einer einzigen Kategorie von Mondgebilden gehören.

Wir haben jetzt so viel Bildmaterial zur Verfügung, daß der nächste Schritt die Erforschung der Krater an Ort und Stelle sein wird. Erst dann können wir z. B. von einer rationellen Klassifikation der Krater sprechen. Bis dahin müssen wir uns mit hypothetischen Ansichten begnügen.

Die Anzahl der Krater auf dem Mond muß sehr groß sein, da sie mit abnehmendem Durchmesser rasch ansteigt. Vor der Raumerforschung des Mondes war der kleinste noch sichtbare Krater etwa 1 km groß und bis zu dieser Grenze schätzte man die Zahl der Krater auf etwa 600 000. Mit der heutigen Grenze unter 1 m, die auf Surveyor-Aufnahmen erreicht wurde (S. 78) können wir mindestens mit etwa 40 Millionen Kratern auf den beiden Hemisphären rechnen.

Manche, insbesondere mittelgroße Krater, besitzen einen Zentralberg von unregelmäßiger Gestalt (Abb. 22). Es gibt auch große Krater, deren Boden fast ganz flach ist. Mehrere große und mittlere Krater sind von kleineren überlagert; die letzteren müssen die jüngeren sein. Eine eigene Gattung bilden die Krater mit hellem Strahlensystem (Abb. 19). Solche Strahlen können sehr lang sein, da manche fast die ganze sichtbare Seite des Mondes durchqueren. Sie sind am deutlichsten um den Vollmond sichtbar.

Die Wälle der größeren Krater fallen im Kraterinnern steiler ab als außen. Fast ausnahmslos liegt der Kraterboden unter dem Niveau der Umgebung, als ob der Krater durch Auswurf des Bodenmaterials entstanden wäre. Das besagt auch die Schroetersche Regel über die angenäherte Gleichheit der Rauminhalte des Kraterwalls und der Kraterdepression.

Die wahren Höhenprofile der Mondkrater sind weniger ausgeprägt, als man nach ihren photographischen Aufnahmen erwarten könnte. Man darf auch nicht vergessen, daß bei größeren Kra-

Abb. 22. Krater Tycho nach einer Orbiter-Aufnahme (Photo USIS)

tern die Abrundung der Mondoberfläche schon merklich zum Vorschein kommt. Der Boden der größeren Krater ist konvex, und ein in der Mitte stehender Beobachter wäre enttäuscht, wenn er dicht am Horizont die kaum bemerkbaren Kraterwälle sähe (Abb. 23).

Mäanderrillen. Die Geschichte der Rillen ist ziemlich alt, da schon im Jahre 1788 SCHROETER einige solche beobachtete. Seitdem hat man ungefähr 30 Beispiele von der Erde aus entdeckt.

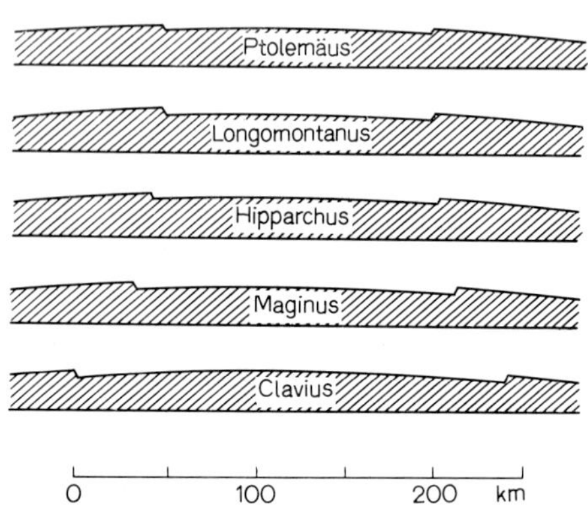

Abb. 23. Kraterprofile und Krümmung des Mondes

Eine neue Epoche trat aber erst mit den Orbiter-Aufnahmen des Mondes ein. An diesen, sehr detailreichen Aufnahmen konnte man die Struktur genauer als früher studieren und daraus mehrere wichtige Schlüsse ziehen.

Diese Mäanderrillen können bis 100 km lang und einige Kilometer breit sein. Sie beginnen meistens an einem Krater, der höher liegt als die Umgebung und enden in niedriger Lage. Ihre Breite ist öfters am Anfang größer als am Ende. Das alles erinnert an ausgetrocknete Flüsse, die ihr Bett durch Erosion des Terrains mäanderartig gestaltet haben (Abb. 24). Solche setzen aber fließendes Wasser voraus. Dieses kann es am Monde im Freien gar nicht geben, da es im dort herrschenden Vakuum rasch verdampfen würde.

Man hat deshalb einen komplizierten Mechanismus angenommen, um den für die Existenz des Wassers nötigen Druck zu finden. Das Wasser kann im heißen Mondinnern ganz gut vorkommen, wie an anderer Stelle (S. 51) näher erklärt wird. Durch den

Aufprall eines Meteoriten kann die obere Schutzschicht durchge-
schlagen werden, und das Wasser kann an die Mondoberfläche
ausströmen. Es wird natürlich sogleich sieden und die dazu nötige
Wärme aus dem von unten kommenden Wasservorrat schöpfen.
Die Temperatur wird dadurch rasch bis zum Gefrierpunkt ab-

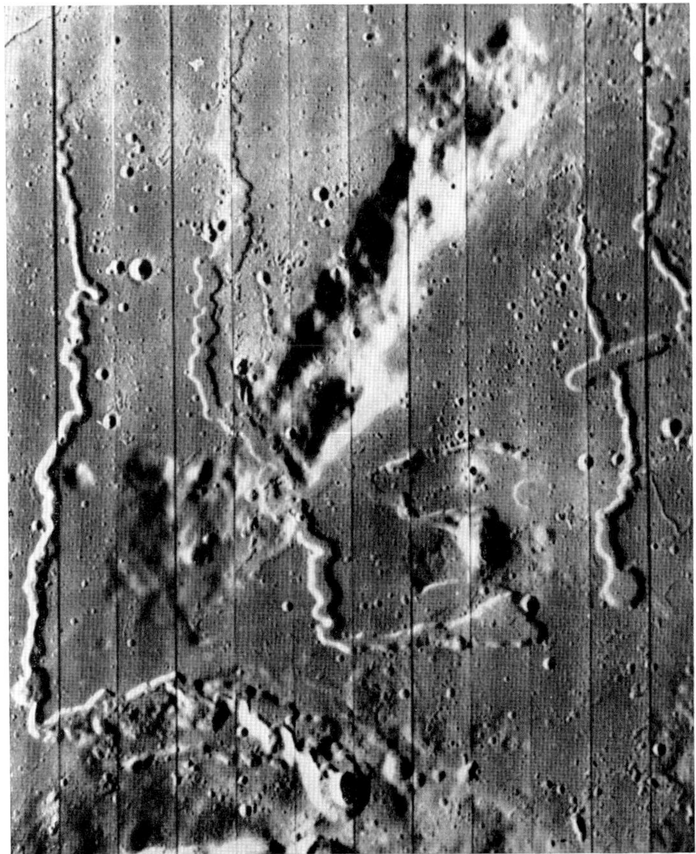

Abb. 24. Mäanderartige Rillen in der Gegend des Harbinger Gebirges
nach einer Orbiter V-Aufnahme aus der Höhe von 130 km. Eine Rille
beginnt an dem kleinen Krater unten in der Mitte, läuft zuerst nach links
und dreht sich dann nach oben, wo sie in der Entfernung von 65 km
endet. Auf den ersten Blick erscheinen die Rillen als Erhöhungen, was
aber eine optische Täuschung ist

sinken, und die Wasserquelle wird sich mit einer Eisschicht bedecken. Ihre Dicke wird bald groß genug sein, um den nötigen Druck auf das darunterliegende Wasser auszuüben und damit auch das Sieden zu unterbrechen. Dann kann nur das Eis an der Oberfläche in das Vakuum sublimieren. Der so entstandene zugefrorene Fluß kann aus dem Krater in die Umgebung ausströmen und das dort vorhandene relativ weiche Terrain erodieren, ähnlich wie es bei unseren irdischen Flüssen geschieht. In einer gewissen Zeitspanne, die auf 100 Jahre geschätzt werden kann, erschöpft sich der Vorrat des sublunaren Wassers, und das ist auch das Ende der Rillenbildung.

Wenn diese Hypothese richtig ist, weisen die Rillen auf die Existenz einer sublunaren Schicht hin, die das Wasser und andere flüchtige Substanzen abfängt. Solche Möglichkeiten sind für die künftigen Mondbewohner, die Wasser oder Erdöl suchen, sehr wichtig.

Die anderen fast geradlinigen Rillen verdanken wahrscheinlich ihren Ursprung inneren Kräften, durch welche z. B. die Mondoberfläche aufgebrochen werden kann.

Über den Ursprung der Mondformationen. Die Aufgabe, den Ursprung der Mondformationen aus dem bloßen Anblick zu erkennen, erscheint äußerst schwierig oder gar lächerlich, wenn man die Methoden der irdischen Geologie betrachtet. Erst eine ähnliche Erforschung auf dem Mond kann mehr Licht in diese Frage bringen. Trotzdem wollen wir versuchen, den Leser mit den wichtigsten Anschauungen der Selenologen bekanntzumachen.

Bei diesen Problemen stehen die Krater an erster Stelle wegen ihrer seltsamen Formen und sehr großen Anzahl aller Kaliber, von kleinen Löchern bis zu landgroßen Ringgebirgen. Man hat prinzipiell zwei Arten von Hypothesen aufgestellt, die entweder von äußeren oder von inneren Kräften ausgehen. Die erste ist die meteorische Hypothese, nach der Krater durch den Aufprall von Meteoriten entstanden sind. Die zweite stützt sich auf die inneren Kräfte, wie z. B. vulkanische Eruptionen oder vertikale Bewegungen oder Einsenkungen an gewissen Stellen des Bodens.

Wenden wir uns zunächst zur ersten Hypothese. Was geschieht eigentlich, wenn eine Meteoritmasse von einer Million Tonnen mit der Geschwindigkeit von 30 km/sec auf die Mondoberfläche prallt? Das entspricht einer Steinkugel von 80 m Durchmesser, die eigentlich im Raume unbeweglich ist, da die oben angenommene Geschwindigkeit bloß die Umlaufgeschwindigkeit des Systems Erde + Mond um die Sonne ist. Die Bewegungs- oder kinetische Energie der Masse ist von 215 Billionen Kilogrammkalorien. Sie würde z. B. 2,5 km³ Wasser von $+15°$ C zum Siedepunkt bringen.

Diese Energie ist groß genug, um das Eindringen des Meteoriten in eine Tiefe von 200—500 m zu bewirken und noch die gesamte Masse auf eine sehr hohe Temperatur zu bringen, die auch die Verdampfung des Meteoriten zur Folge hat. Kurz gesagt, eine gigantische Explosion findet an der Aufprallstelle statt, die einen Teil des umliegenden Bodens symmetrisch nach allen Richtungen auswirft. Die ursprüngliche Richtung der Bewegung spielt hier keine Rolle für die Form des Kraters, wie das auch bei irdischen Bombardierungen erwiesen ist. Das ausgeworfene Material von verschiedener Größe und Geschwindigkeit fällt auf die Mondoberfläche zurück. Durch größere Felsblöcke entstehen kleine sekundäre Krater, von denen nur die größeren von der Erde aus sichtbar sind und die kleinsten unter ¹/₂ km erst an Ranger-Aufnahmen (S. 76) aus der Höhe von 60 km entdeckt werden konnten. Sie häufen sich z. B. um Copernicus (Abb. 25) an radial gerichteten hellen Strahlen, die mit der Richtung der einzelnen Auswürfe zu identifizieren sind.

Um den Mechanismus der Entstehung dieser sekundären Gebilde näher zu untersuchen, hat man im Laboratorium entsprechende Experimente angestellt. Kleine Kugeln wurden mit der Geschwindigkeit bis 1 km/sec gegen verschiedene Oberflächen, Sand usw. geschleudert. Dabei bildeten sich kraterähnliche Löcher, deren Gestalt von der Festigkeit des Bodens und der Neigung des Anpralls abhängig war. In dem festen Boden gaben die geneigten Stürze elliptische Krater, dagegen waren im losen Boden die Kraterlöcher immer kreisförmig. Die Ranger-Aufnahmen zeigen aber nur kreisförmige, sekundäre Krater, und daraus ist auf eine relativ geringe Festigkeit des Mondbodens (Sand usw.) zu schließen.

Zugunsten der meteorischen Hypothese zeugen auch einige terrestrische Gebilde, z. B. der Meteorkrater in Arizona oder der sogenannte Rieskessel in Süddeutschland. Diese und andere Gebilde haben in der Vergangenheit durch die Erosion und die Sedimentation sehr stark gelitten. Dadurch ist auch die relativ kleine Anzahl dieser Gebilde auf der Erde zu erklären.

Sehr große Krater oder gar kleine Meere mit Ringwällen könnten durch innere Kräfte entstanden sein. Wenn hier jede mathematische Theorie, die uns bei der Meteoriten-Hypothese leitete, fehlt, sind wir auf die Analogie mit irdischen „Calderas"

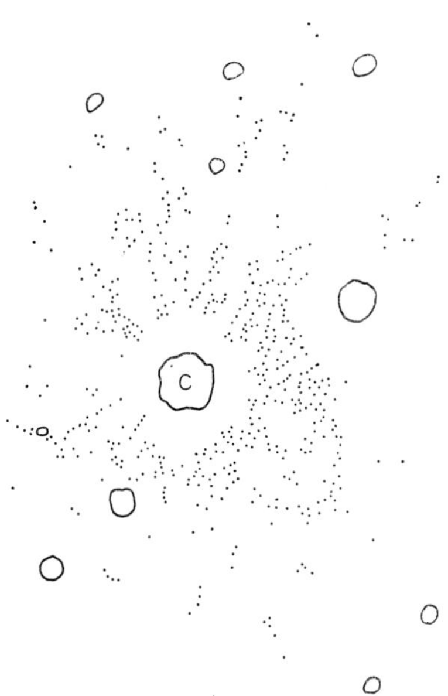

Abb. 25. Kleine sekundäre Krater (Punkte) in der Umgebung von Copernicus (C)

angewiesen. Dies sind kraterähnliche Gebilde, die durch thermische Expansion und nachfolgende Zusammenziehung der Oberfläche entstanden sind. Die Depression wurde durch Erstarren und Entgasen der früher heißen unteren Schichten verursacht. Bei diesen Prozessen findet immer eine Konvektion der halbflüssigen Materie statt, und die Konvektionsgebilde haben, wie die Experimente auch zeigen, sechseckige Umrisse. Ähnliche Umrisse besitzen auch die größten Mondkrater, was für die Anhänger der Caldera-Hypothese einen wichtigen Fingerzeig bedeutet.

Endlich können wir zugeben, daß auch rein vulkanische Krater am Monde vorhanden sind. Das zeigt das Profil des Kraters Regiomontanus A, der sich wie die irdischen Vulkane über seine Umgebung erhebt (Abb. 26). Dazu kommen kettenartige Reihen

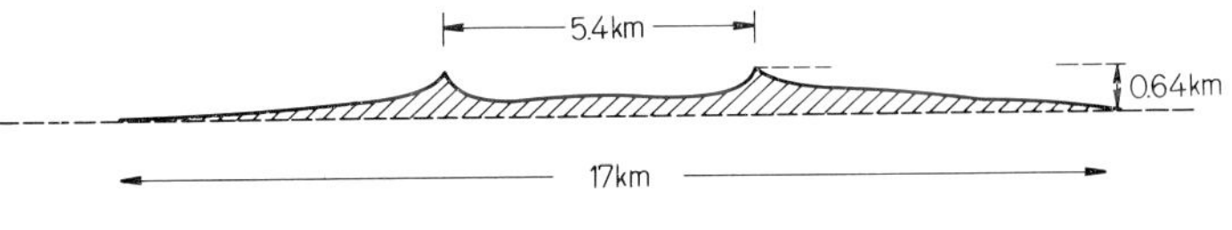

Abb. 26. Profil des vulkanartigen Kraters Regiomontanus A

von kleineren Kratern, die wahrscheinlich entlang eines vulkanischen Risses gruppiert sind. Auf der Erde haben wir dafür — wenn auch in kleinerem Maßstabe — zahlreiche Beispiele, wie die Maare im Eifel-Gebirge. Man darf dabei nicht vergessen, daß am Mond die geringere Schwere ($^1/_6$) und das Vakuum diese Prozesse unterstützen.

Über den Ursprung der Mondmeere hat man verschiedene Hypothesen aufgestellt. Für einige sind die Meere der Boden von ausgetrockneten Wasserflächen, d. h. der ehemaligen Mondseen. Man hat auch an ausgedehnte erstarrte Lavaergüsse aus dem Mondinneren gedacht. Da die Meere eine relativ kleinere Anzahl von Kratern aufweisen als die Kontinente, nahm man an, daß die ersteren auch jünger sind. Es ist aber zweifelhaft, ob der Mond am Anfang seiner Existenz und noch später in seinem Inneren geschmolzen war. UREY hat deswegen einen Sturz von sehr großen Meteoriten oder gar Planetoiden angenommen, die teilweise die Mondoberfläche angeschmolzen hätten. Die Begegnung konnte auch streichend gewesen sein, und der Fremdkörper oder sein Rest würde dann in den Weltraum abgeflogen sein.

WILSON dagegen hat für die Meere und den Boden von einigen Kratern (Plato, Archimedes) eine asphaltähnliche Decke ausgedacht. Die Mineralöle können, so wie bei uns, auch im Mondinneren vorhanden sein. Wenn sie nach oben diffundieren, so verdampfen davon die leichteren und flüchtigeren Fraktionen, und am Mondboden bleiben nur die schwersten Teile haften. Die irdische Analogie dazu soll der bekannte Asphaltsee in Trinidad sein.

Die kuppelartigen Gebilde (Dome) sollten nach SALISBURY sublunare Gletscher sein, die mit einer genügend dicken Mineralschicht bedeckt und so vor dem Schmelzen geschützt sind. Ähnlichen Formationen begegnet man tatsächlich in Alaska und Kanada. Auch die andersartigen Gebilde, die wenig über die Umgebung herausragen, sollten ihren Ursprung dem Wasser verdanken, das unter der Oberfläche durch Hydratation (Wasserabsorption) einiger Minerale eine Anschwellung verursachte.

4. Physik des Mondes

Photometrische Eigenschaften der Mondoberfläche. Der wahre Ursprung des Mondlichtes wurde schon vom griechischen Philosophen THALES (6. Jh. v. Chr.) erkannt. Die Mondphasen zeigen unbestritten, daß es sich hier um das von der Mondoberfläche gestreute Sonnenlicht handelt. Eine feinere Untersuchung dieses Prozesses beruht auf der Photometrie des Mondes, entweder im globalen Licht oder an einzelnen Punkten der Mondoberfläche.

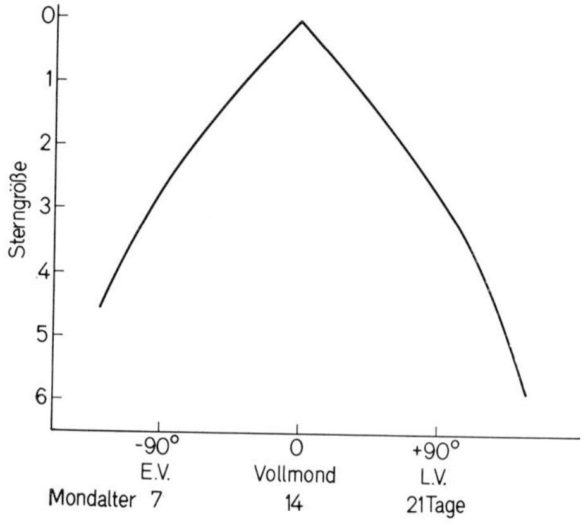

Abb. 27. Phasenkurve des Mondes

Für das globale Licht bekommt man eine Kurve (Abb. 27), die die sogenannte Sterngröße des Mondes als Funktion des Phasenwinkels oder auch des Mondalters gibt. In der astronomischen Photometrie hat man den Begriff der Sterngröße teilweise aus historischen, aber auch aus praktischen Gründen eingeführt. Wie die Sterngrößen mit der Lichtintensität zusammenhängen, ist aus der folgenden Tabelle ersichtlich:

Sterngröße:	-15	-10	-5	0	$+5$	$+10$	$+15$
Intensität:	1 000 000	10 000	100	1	0,01	0,0001	0,000 001

Dazu ist noch zu bemerken, daß dies auch der früheren, aus dem Altertum stammenden Einteilung der Sterngrößen annähernd entspricht.

Was aber die Phasenkurve des Mondes anbelangt, zeigt sie eine kleine Asymmetrie in bezug auf den Vollmond; das letzte Viertel ist etwa um 0,05 Sterngröße oder 5% schwächer als das erste Viertel. Dies hängt mit der Verteilung der Kontinente und Meere auf der Mondscheibe zusammen. Das letzte Viertel ist reicher an dunklen Meeren als das erste Viertel. Eine zweite merkwürdige Eigenschaft der Phasenkurve ist ihre sehr spitzige Gestalt um den Vollmond (Abb. 27). Dasselbe gilt auch für die Helligkeit der verschiedenen Stellen auf der Scheibe, ganz gleich, wo sie sich befinden, am Rande ebensogut wie in der Mitte. Alle diese Stellen zeigen also gleichzeitig bei Vollmond ein steiles Maximum der Helligkeit. Man hat vergebens versucht, diese Merkwürdigkeit mit einem photometrischen Gesetz in Einklang zu bringen, was immer für irdisches Material mehr oder weniger gut möglich ist. Qualitativ kann man dieses ungewöhnliche Verhalten auf Grund einer extrem großen Rauhigkeit der Mondoberfläche verstehen. Die Hauptwirkung beruht nicht auf dem einen oder anderen photometrischen Gesetz, sondern bloß auf der Schattenwirkung. Wenn wir die Mondoberfläche bei Vollmond in der Richtung des einfallenden Lichtes beobachten, verschwinden dabei alle Schatten und dadurch wird eine kurzdauernde Erhellung erzeugt.

Bei Neumond verschwindet die Mondscheibe vorzeitig, wenn die Phase noch um $7°$ geringer ist als $180°$. Das soll auch eine Wirkung der sehr großen Rauhigkeit der Mondoberfläche sein.

Die Mondoberfläche streut nur einen kleinen Teil des einfallenden Sonnenlichtes. Aus dem photometrischen Vergleich des Mondes und der Sonne ergibt sich nur ein kleines Streuvermögen, das im Mittel 7% beträgt. Die irdischen Minerale zeigen viel größere Streuungen: der Sandstein 60%, der Granit 25% und der

Basalt 14%; nur die Lava streut 6%, also weniger als der Mond. Das Streuvermögen auf dem Mond schwankt zwischen 6% (Riccioli) und 18% (Aristarchus). Im Mittel sind die Kontinente etwa zweimal heller als die Meere. Der Mond zeigt also kleinere Schwankungen (1 : 3) als die irdischen kompakten Materialien (1 : 10). Das alles scheint mit der besonderen Beschaffenheit der Mondoberfläche in Verbindung zu stehen. Es zeigt sich, daß gewöhnliche irdische Materialien, wenn sie fein zerstoßen sind, viel kleinere optische Unterschiede ergeben als im kompakten Zustand.

Zu den optischen Eigenschaften der Mondoberfläche gehört auch die Polarisation des dort zerstreuten Sonnenlichtes. Sie hängt von der Beschaffenheit der Oberfläche und von der Richtung der Strahlen ab. Diese Richtungsabhängigkeit ist für verschiedene Minerale verschieden, und damit ist uns ein Mittel gegeben, durch Vergleich der Mondpolarisation mit irdischen Materialien einige Schlüsse über die Beschaffenheit des Mondbodens zu ziehen.

Es hat sich gezeigt, daß die Mondpolarisation ähnlich ist wie bei feinzerstäubten irdischen Materialien, aber es besteht leider keine Möglichkeit, ein bestimmtes Mineral eindeutig festzustellen. So hat man lange von einer aus vulkanischer Asche bestehenden Decke gesprochen, was aber jetzt nicht allgemein anerkannt wird. Es ist auch hier zu hoffen, daß uns Astronauten oder Raumroboter einige Mineralproben des Mondes bringen werden.

Lumineszenz des Mondes. Die Mehrheit der Minerale zeigt Lumineszenz, d. h. eine Lichtemission unter dem Einfluß äußerer Erregung. Das so erzeugte Licht liegt vor allem im sichtbaren Spektrum und ist für das bestrahlte Material charakteristisch. Am Monde können die kurzwelligen sowie auch die korpuskularen Strahlungen als Erreger dienen, da es dort keine Atmosphäre gibt, die diese Strahlungen zu absorbieren vermag. Folglich sollte die Mondstrahlung drei Komponente haben. Die erste ist das von der Mondoberfläche gestreute Sonnenlicht, die zweite ist die Lumineszenz und die dritte die Wärmestrahlung, die an anderer Stelle (S. 43) behandelt wird. Sie kommt nur mit speziellen Beobachtungsmethoden ins Blickfeld. Es handelt sich also nur darum, die beiden ersten Komponenten voneinander zu trennen und zu messen.

Man kann dazu verschiedene Verfahren benützen. Das erste, das uns eigentlich zur Entdeckung der Mondlumineszenz führte (1946), wird zusammen mit den Mondfinsternissen behandelt (S. 65). Die zweite Methode beruht auf der Veränderlichkeit der Erregungsstrahlen, deren Stärke mit der Sonnenaktivität gewisse Fluktuationen zeigt. Wenn z. B. die Lumineszenzkomponente etwa 10⁰/₀ des gesamten Mondlichtes ausmacht, dann könnte das letztere höchstens um 10⁰/₀ im Laufe der Zeit variieren, was tatsächlich der Fall ist. Die Rougier'schen Messungen des gesamten Lichtes durch die Lunation geben die Phasenkurve (Abb. 27) mit einem Maximum während des Vollmondes. Das ist aber eine mittlere Kurve und die individuellen Messungen ergeben gewisse Abweichungen, die eine gute Korrelation mit der Variation der gesamten Sonnenstrahlung (= Solarkonstante) zeigen (Abb. 28).

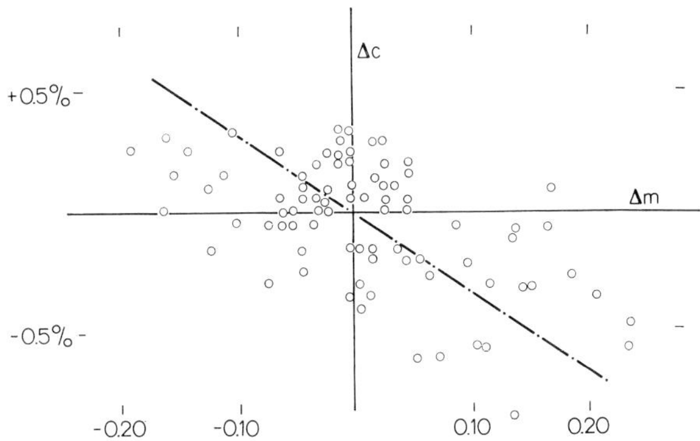

Abb. 28. Korrelation zwischen den Fluktuationen der Solarkonstante Δc und der Mondhelligkeit Δm

Aus dieser Korrelation wird festgestellt, daß eine Variation der Solarkonstante von 1⁰/₀ die Variation von 26⁰/₀ des Mondlichtes aufweist. Das ist mit der Eigenschaft der Sonnenstrahlung verbunden, weil immer in kurzwelligen Gebieten des Sonnenspektrums die Variationen sehr groß (100⁰/₀ und mehr) sind, wie aus den ionosphärischen Messungen zu ersehen ist. Dies gilt auch von der Korpuskularstrahlung der Sonne. Wenn also die Erregungsstrahlen in so weiten Grenzen variieren, muß auch die von ihnen erregte Lumineszenz stark veränderlich sein.

Die dritte Methode benützt die Zentralintensität der Fraun-
hoferlinien im Mondspektrum, die relativ größer ist als im Sonnenspektrum. Nehmen wir z. B. eine solche „dunkle" Linie im
Sonnenspektrum mit der Zentralintensität von 30% des Konti-
nuums außerhalb der Linie (Abb. 29) an. Im gestreuten Sonnen-

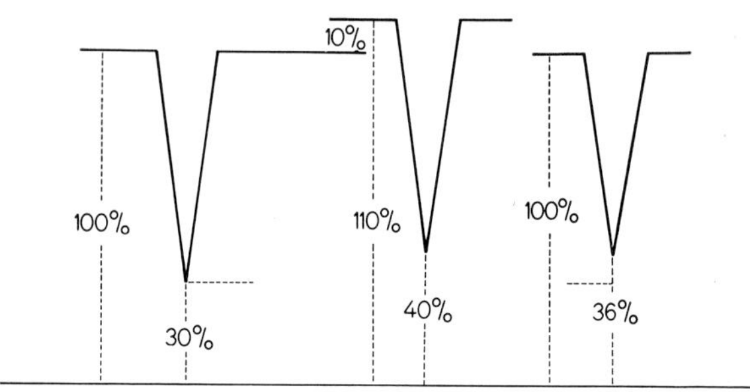

Abb. 29. Zentralintensität der Fraunhoferschen Linie, links im Sonnenspektrum, rechts im Mondspektrum mit der Lumineszenz von 10%

licht, d. h. auch im Mondspektrum, sollte die Linie eine Zentralintensität relativ zum Kontinuum von 30% besitzen. Wenn sich
aber dieser Linie die Lumineszenz von 10% überlagert, dann wird
die Linienmitte sowie auch das Kontinuum um diese 10% erhöht.
Die neue Zentralintensität der Mondlinie wird also

$$\frac{30+10}{100+10} = \frac{40}{110} = 36\% \,.$$

Diese Methode wurde in verschiedenen Ländern mit Erfolg
erprobt. Dubois in Frankreich hat z. B. etwa 90 Stellen am Mond
untersucht und davon die Hälfte mit einem Betrag von 3—25%
des gesamten Lichtes als lumineszent gefunden. Andere Ergebnisse
sind größtenteils ähnlich. In jüngster Zeit hat Roberts an dem Pic-
du-Midi-Observatorium die Fluktuationen der Farbe der Mondoberfläche beobachtet. Die Amplitude beträgt 5—15% und die
Periode rund 1 Sekunde, wenn sich auch längere, mehrstündige
Fluktuationen gezeigt haben. In der beobachteten Gegend von
Aristarchus und Ptolemäus wurden auf die Farbe hin 20 000
Punkte systematisch untersucht und wieder erwies sich eine Hälfte
davon als farbenveränderlich.

Als Erreger der Lumineszenz können wir die UV- oder gar Röntgenstrahlen oder auch Korpuskularstrahlungen der Sonne betrachten. Es ist aber noch unklar, welches der genaue Mechanismus der Lumineszenz ist, da zwischen der Energie der Erregung und der Intensität der Lumineszenz, die relativ stark ist, eine schroffe Disproportion besteht. Es gibt eine Möglichkeit von Aufspeicherung dieser Energie, die dann durch die Erwärmung der Mondoberfläche im Laufe des lunaren Tages in Form der Lumineszenz gelöst wird.

Temperatur des Mondes. Alle Körper von gewisser Temperatur senden elektromagnetische Strahlungen aus. Das lehrt uns das Plancksche Gesetz, das die Verteilung der Strahlungsintensität entlang des Spektrums ergibt. Für hohe Temperaturen liegt die Strahlung hauptsächlich im sichtbaren und ultravioletten Gebiet. Das ist der Fall bei der Sonne und bei den Sternen. Für die Planeten, deren Temperatur unterhalb 400 °C (Merkur) liegt, ist die Strahlung nur im infraroten Gebiet des Spektrums von meßbarer Intensität. Für den Mond kann man sagen, daß seine Strahlung der einer Teekanne mit siedendem Wasser vergleichbar ist.

Eine solche Strahlung kann man mit der Hand schon auf $1/4$ Meter Entfernung spüren. Für den weiten Mond bedarf man aber viel empfindlicherer Einrichtungen, die wir in Thermoelementen besitzen (Abb. 30). Wenn eine Lötstelle des Thermoelementes Cu-K-Cu bestrahlt wird, so erwärmt sie sich, und durch die Temperaturdifferenz entsteht ein schwacher elektrischer Strom. Seine Stärke hängt von der Intensität der Bestrahlung ab und folglich auch von der Temperatur der Mondoberfläche.

Die praktische Durchführung solcher Messungen geschieht durch ein Spiegelteleskop (Abb. 30), das zur Konzentration der Strahlung und auch zur Abbildung einer Partie der Mondoberfläche an der Lötstelle F dient. Der Mond sendet aber außerhalb seiner eigenen Temperaturstrahlung auch das von der Oberfläche gestreute Sonnenlicht, in dem unser Satellit auch sichtbar ist. Diese zweite Komponente ist für die Temperaturmessungen ohne Interesse und muß deshalb eliminiert werden. Man nimmt an jeder zu messenden Stelle des Mondes zwei Messungen vor. Die erste wird mit einem Glasfilter gemacht, das die infrarote Komponente absor-

biert. Die zweite Messung wird ohne Filter gemacht und gibt die
Summe: infrarote + sichtbare Strahlung. Die Differenz der beiden
Bestimmungen gibt endlich die gesuchte infrarote Komponente.
Man muß sie noch wegen der Verluste der Strahlung am Spiegel
und in der Erdatmosphäre berichtigen und erst dann kann sie zur
Berechnung der Mondtemperatur dienen.

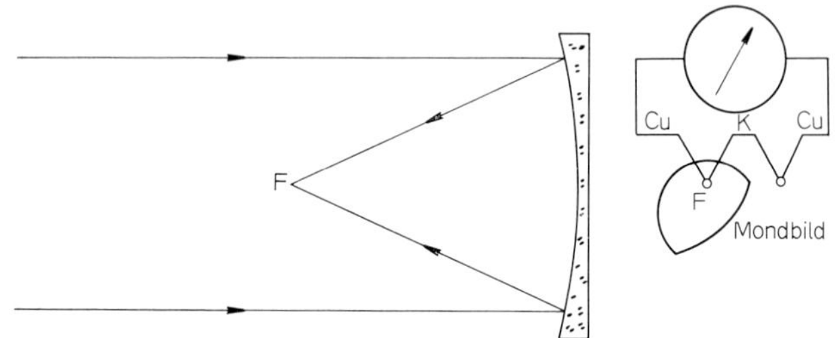

Abb. 30. Messung der Mondtemperatur

In dieser Weise können wir prinzipiell die Temperatur an
irgendeiner Stelle der Mondoberfläche unter verschiedensten Um-
ständen messen. Man geht dabei vom Boltzmannschen Gesetz aus,
das uns lehrt, daß die gesamte infrarote Strahlung der vierten
Potenz der absoluten Temperatur proportional ist. So ergibt sich
die höchste Temperatur von etwa $+140\,^\circ$C in der Mitte der Vollmondscheibe und die niedrigste von $-150\,^\circ$C in der Mitte der
Neumondscheibe. Das steht im Einklang mit unserer Vorstellung
von der Sonnenstrahlung als Hauptquelle der Mondwärme.

Interessant und bedeutungsvoll sind die Temperaturmessungen
während einer Mondfinsternis. Da sinkt die Sonnenstrahlung innerhalb einer Stunde bis auf Null; bleibt 1—2 Stunden auf diesem
Niveau und steigt dann wieder in einer Stunde auf ihren normalen Wert (Abb. 31). Im großen und ganzen folgt die Mondtemperatur eng der Bestrahlungskurve. Das ist unmittelbar durch
die geringe Wärmeträgheit des Mondbodens verständlich. Man
kann auch sagen, daß die Sonnenwärme nicht sehr tief unter die
Oberfläche eindringt, da diese nur eine sehr geringe Leitungs-
fähigkeit für Wärme besitzt. Eine Schicht aus Staub oder sehr
porösem Material entspricht dieser Forderung.

Während der Totalität (Abb. 31) nimmt die Temperatur nur sehr langsam ab. Das findet seine Erklärung im sogenannten Zweischicht-Modell der Mondoberfläche. Die obere Schicht besteht aus

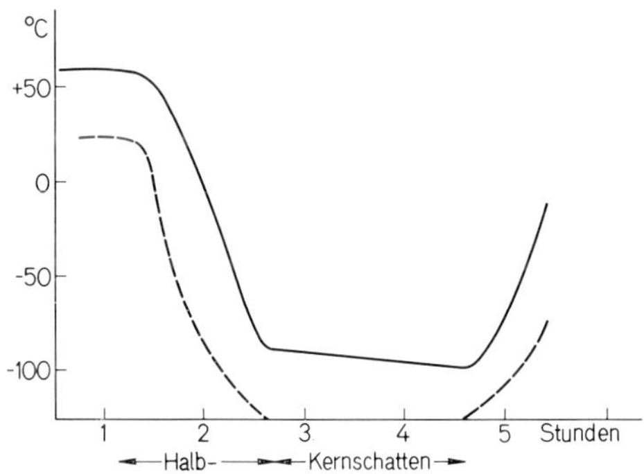

Abb. 31. Temperaturkurve (voll) des Mondes und Bestrahlungskurve (gestrichelt) während der Mondfinsternis

einem wenig dichten und schlecht leitenden Material von gewisser Dicke. Unter ihr befindet sich mehr kompaktes Material, z. B. als Fels, dessen Wärmeträgheit schon größer ist. Die rasche Temperaturveränderung in der Penumbra ist durch die obere Schicht bedingt. Das langsame Absinken der Temperatur in der Umbra hat seine Ursache in dem darunterliegenden Fels, der seine wenn auch niedrige Temperatur, langsamer verliert als die obere Schicht. Nach verschiedenen Messungen soll die Dicke der oberen Schicht nur wenige Millimeter betragen.

Die Frage der Beschaffenheit der Mondoberfläche ist sehr wichtig für die Landung auf dem Monde. Auch die Temperatur muß dabei berücksichtigt werden. Aus dem Verlauf der Temperatur ist klar, daß die Astronauten nur in der Nähe der Schattengrenze länger leben könnten. Wenn aber die Sonne hoch über dem Horizont steht, wird das Mondklima ganz unerträglich. Die Mondsonden (S. 77) Luna oder Surveyor konnten deswegen nicht durch den ganzen Mondtag arbeiten und haben ihre Sendungen bei hoher Sonne eingestellt.

Mit den infraroten Messungen der Mondtemperatur sind aber die Möglichkeiten der klassischen Astronomie nicht erschöpft. Man kann nicht nur die Oberflächentemperatur, sondern auch die sublunare Temperatur bestimmen, und zwar mit Hilfe von 3 mm Radiowellen, die aus einer Tiefe von etwa 20 cm emittiert werden. Die dort gemessene Strahlungstemperatur ist höchstens $+10\,°C$, im Gegensatz zur Oberflächentemperatur, die wie oben gesagt, bis auf $+140\,°C$ steigen kann. Aus Dezimeterwellen, die aus einer Tiefe von $\frac{1}{2}$ m stammen, ergibt sich fast eine konstante Temperatur von $-35\,°C$. In noch größere Tiefe soll aber die Temperatur infolge der radioaktiven Prozesse, die sich dort abspielen, ansteigen. Über die Temperatur im Mondinnern kann man nichts Gewisses sagen, ohne die Zusammensetzung des Kernes und die ganze Geschichte der Gestaltung des Mondes in der Vergangenheit zu kennen. Man kann jedoch annehmen, daß im Mondzentrum die Temperatur $+1000\,°C$ übersteigt.

Heiße Flecke am Monde. Man sollte sich durch diese Bezeichnung „heiße Flecke" nicht irreführen lassen. Es handelt sich nur um Stellen an der Mondoberfläche, die ein wenig wärmer sind als ihre Umgebung. Sie wurden durch detaillierte thermische Mappierung der Mondoberfläche mit infraroten Strahlen entdeckt. Wenn solche Messungen während einer Mondfinsternis vorgenommen wurden, dann zeigte sich, daß besonders die Mondkrater sich weniger abkühlen als ihre Umgebung. Die Differenz kann leicht $50\,°C$ erreichen. Diese „heißen" Flecken, deren Anzahl mehrere Hunderte beträgt (Abb. 32), sind größtenteils (85%) mit den Kratern identisch.

Zur Zeit sind wir nicht imstande, diese Erscheinung ganz eindeutig zu erklären. Man kann aber vernunftmäßig annehmen, daß jede Kraterstelle durch den Aufprall bei der Entstehung des Kraters verändert wurde. Man kann sich z. B. vorstellen, daß dort die poröse Isolierschicht dünner geworden ist. Dadurch wird der Wärmefluß aus dem Mondinnern stärker und die Wärmeverluste werden während der Finsternis besser kompensiert als in der Umgebung, wo die Schutzdecke unbeschädigt geblieben ist.

Auch die Kompression durch den Sturz könnte die thermischen Eigenschaften der Kraterstelle beeinflussen, so daß sie sich jenen des kompakten Materials nähern und dadurch einen größeren Wärmevorrat besitzen. In diesem Zusammenhang sei noch bemerkt, daß auch die Radaruntersuchungen an den Kratern (S. 55) einige Anomalitäten gezeigt haben.

Kurz gesagt, wenn sich der Anblick der Mondoberfläche im sichtbaren Licht während der Finsternis durch die Lumineszenz

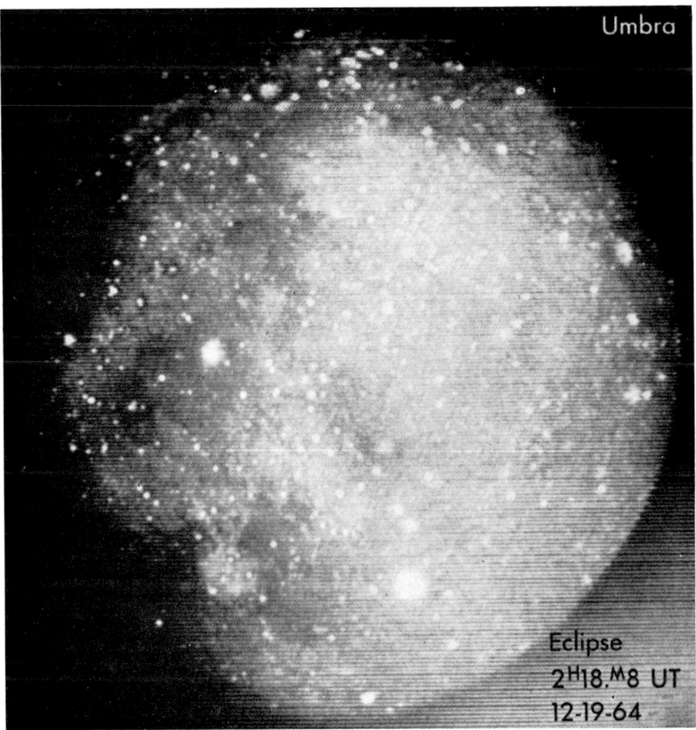

Abb. 32. Heiße Flecke auf dem Mond nach einer Finsternisaufnahme von SAARI und SHORTHILL

modifiziert, so geschieht es auch im infraroten Licht, wo die lokalen thermischen Eigenschaften des Mondbodens zur Geltung kommen.

Atmosphäre des Mondes. Schon die visuellen Beobachtungen machen das Fehlen der Mondatmosphäre oder eine nur sehr unbedeutende Atmosphäre wahrscheinlich. Von der Mitte bis zum Rande der Mondscheibe sieht man die Einzelheiten der Oberfläche mit großer und gleicher Schärfe, was in einer auch geringen Atmosphäre undenkbar ist. Wenn wir trotzdem von einer Atmosphäre sprechen, so handelt es sich um geringe Spuren einer solchen, die nur mit äußerst empfindlichen Methoden entdeckt werden können.

Schon die Sternbedeckungen durch den Mond haben keine Atmosphäre angedeutet. Die Sterne erlöschen oder erscheinen plötzlich am Mondrande wieder ohne irgendeine Schwächung, die durch eine Atmosphäre verursacht werden könnte. Man hat versucht, Dämmerungserscheinungen an der Schattengrenze zu entdecken, aber ohne Erfolg. Eine Mondatmosphäre von der Dichte 1 / 1 000 000 000 der irdischen Atmosphäre hätte sich durch sie äußern müssen.

Empfindlicher ist aber die radioastronomische Methode. Wenn die Atmosphäre sehr dünn ist, ist sie gewöhnlich auch ionisiert, d. h. außer den Molekülen enthält sie auch die positiven Ionen und freie negative Elektronen. Ein ionisiertes Medium bricht die Radiowelle in sehr bedeutender Weise, wenn auch im umgekehrten Sinne als die neutrale Atmosphäre das sichtbare Licht. Dadurch wird der Monddurchmesser bei der Bedeckung von Radioquellen scheinbar vergrößert (Abb. 33). In dieser Weise hat man

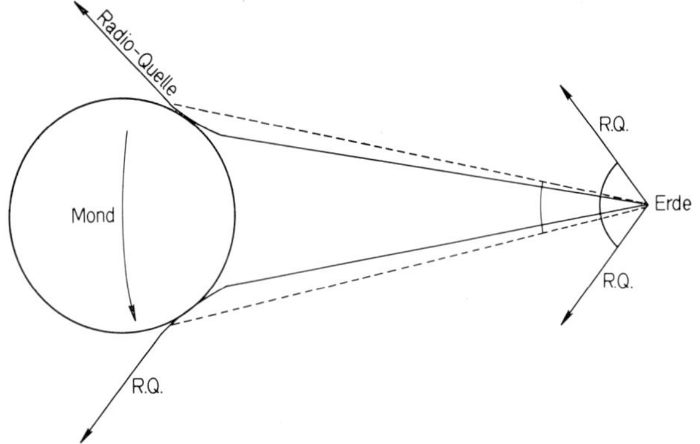

Abb. 33. Mondbedeckung einer Radioquelle

die Bedeckung einer Radioquelle im Sternbild des Stieres beobachtet und seine Dauer um etwa 24 Sekunden länger gefunden, als nach rein geometrischen Verhältnissen herauskommt. Daraus hat man auf eine Dichte der Mondatmosphäre geschlossen, die höchstens 1/1 000 000 000 000 der irdischen Atmosphäre ausmacht.

Theoretisch ist die Abwesenheit der Mondatmosphäre leicht zu verstehen. Die kinetische Theorie der Gase lehrt uns, daß die Gasmoleküle ziemlich große Geschwindigkeiten besitzen, die von der Temperatur und der Art der Moleküle abhängen. Die mittlere Geschwindigkeit bei Zimmertemperatur beträgt ungefähr $1/2$ km pro Sekunde. Dabei bewegen sich manche Moleküle rascher und andere langsamer. Sich rascher bewegende Moleküle können deswegen auch die sogenannte Entweichungsgeschwindigkeit erreichen, die am Monde viel niedriger als auf der Erde liegt, und zwar bei nur 2,2 km/sec. Das Entweichen ist noch dadurch erleichtert, daß wegen der sehr kleinen Dichte der Atmosphäre die Moleküle selten aufeinanderstoßen und daher ohne Behinderung den Mond verlassen. Im Laufe seiner langen Existenz hat also der Mond genug Zeit gehabt, um seine ursprüngliche Atmosphäre, wenn sie überhaupt einmal existierte, zu verlieren. Dasselbe gilt natürlich auch von möglichen Gasemanationen, die als Folge vulkanischer Tätigkeit oder bloß durch thermische Prozesse in der Gegenwart entstehen können.

Schwere auf dem Monde. Die Schwere auf dem Monde ist etwa sechsmal kleiner als auf der Erde. Das ergibt sich bekanntlich aus dem Newtonschen Gesetz, wonach die Anziehungskraft der Masse direkt und der zweiten Potenz der Entfernung umgekehrt proportional ist. Die Mondmasse ist zwar 81mal kleiner (S. 10) als die der Erde, aber zugleich der Mondhalbmesser auch 3,7mal kleiner. Deshalb wird die Schwere auf dem Mond

$$\frac{3,7 \cdot 3,7}{81} = {}^1/_6 \text{ der Schwere auf der Erde sein.}$$

Man wird sich also auf dem Monde etwa sechsmal leichter fühlen als auf der Erde, was für die Astronauten nicht unwichtig ist, wenn ziemlich lästige Schutzkleidungen getragen werden müssen.

Durch die geringere Schwere kann man teilweise das reiche Mondrelief erklären. Die inneren vulkanischen oder andere Kräfte sowie die äußeren Einwirkungen, z. B. die Meteoritenstürze, konnten leichter gegen die Mondschwere arbeiten, um die Bodenteile zu verlagern. Auch für die Existenz oder besser gesagt, für die

Abwesenheit der Mondatmosphäre ist diese Tatsache nicht ohne Belang (S. 47).

In der Astronautik ist man in der Erforschung der Mondschwere noch weiter gelangt. Die Mondorbiter, d. h. die künstlichen Mondsatelliten (S. 81), die den Mond in relativ kleiner Höhe umkreisen, haben nicht nur wertvolle Mondbilder gebracht, sondern auch durch ihre Bewegung die Mondschwere an verschiedenen Stellen getastet. Wenn der Mond eine homogene Kugel wäre, so würde er so wirken, als ob seine ganze Masse im Mondzentrum konzentriert wäre. Wenn aber der Mondkörper in einer Gegend dichter und in der anderen weniger dicht ist, dann müßte der nahe kreisende Orbiter sich bald rascher, bald langsamer bewegen, was von der Erde beobachtet werden kann.

In dieser Weise hat man tatsächlich lokale Massenkonzentrationen entdeckt, die als „Mascons" bezeichnet wurden. Diese

Abb. 34. Mascons auf dem Monde (s. Abb. 17)

Mascons befinden sich hauptsächlich unter den ringförmigen Meeren (Abb. 34), wie Mare Crisium (Meer der Unruhen) oder Mare Serenitatis (Meer der Helligkeit). Die Tiefe der Mascons soll zwischen 50 und 200 km liegen. Für die Masse des Mascons unter dem

Mare Imbrium (Regenmeer) hat man den Wert von 2/100 000 der Mondmasse gefunden. Das entspricht einer Nickeleisenkugel von 100 km Durchmesser. Solche Meere entstanden also durch den Aufprall eines sehr großen Meteoriten, dessen größere oder kleinere Reste unter dem Boden begraben liegen. Aber auch die Möglichkeit des Lavaergusses aus größerer Tiefe widerspricht dieser Tatsache nicht, da dort die Materie dichter ist als an der Oberfläche. Die gravimetrische und auch magnetische Messungen könnten diese Verhältnisse in naher Zukunft kontrollieren.

Wasser auf dem Monde. Dieses für das Leben so wichtige Element gibt den Selenologen keine Ruhe, und sie wagen manche kühne Hypothese, um zu beweisen, daß Wasser auf dem Monde vorhanden sein kann, allerdings nicht Flüsse oder Seen, wie man früher naiv dachte. Die Abwesenheit der Atmosphäre und dadurch auch des Luftdruckes macht die Existenz des freien Wassers auf dem Monde ganz unmöglich. Wenn man es hinbrächte, so würde es stürmisch verdampfen. Das gilt auch von allen organischen Körpern, die ja einen hohen Anteil an Wasser besitzen. Sie würden sich in kurzer Zeit zersetzen und verderben, wenn sie frei ohne Schutz ausgesetzt würden.

Trotzdem erhebt sich sehr ernsthaft die Frage nach dem Vorkommen von Wasser an Stellen, die immer im Schatten bleiben. Wie wir gefunden haben, sinkt daselbst die Bodentemperatur bis auf $-150\,°C$, und wenn dort Eis gebildet ist, kann es sehr lange überdauern. Im Vakuum sublimiert es zwar, aber so langsam, daß bei der Temperatur von $-150\,°C$ ein Quadratzentimeter der Eisoberfläche nur ein Mikrogramm pro Jahr von seiner Masse verliert. Da unbelichtete Flächen in gebirgigem Gelände um beide Polgebiete existieren, könnte man dort auch Eisflächen begegnen.

Dazu muß aber das Wasser von irgendwo kommen. GOLD hat die folgende Hypothese aufgestellt (Abb. 35). Im Mondinneren, wo sich wahrscheinlich verschiedene chemische und radioaktive Prozesse abspielen, kann Wasserdampf vorhanden sein und nach oben diffundieren. Da die Temperatur nach oben sinkt, tritt endlich der Wasserdampf in die Zone der Nulltemperatur, wo er sich kondensiert und gefriert. Schätzungsweise liegt diese Zone in einer Tiefe von etwa 1 km. Von da ab bis fast zur Oberfläche, wo die

Temperatur von etwa $-35\,^{\circ}$C herrscht, haben wir eine ständig gefrorene Schicht, die sogenannte „Permafrostschicht", die aus dem Eis und lunaren Mineralen besteht. Dicht an der belichteten Oberfläche schmilzt das Eis, und das Wasser geht durch Verdampfen

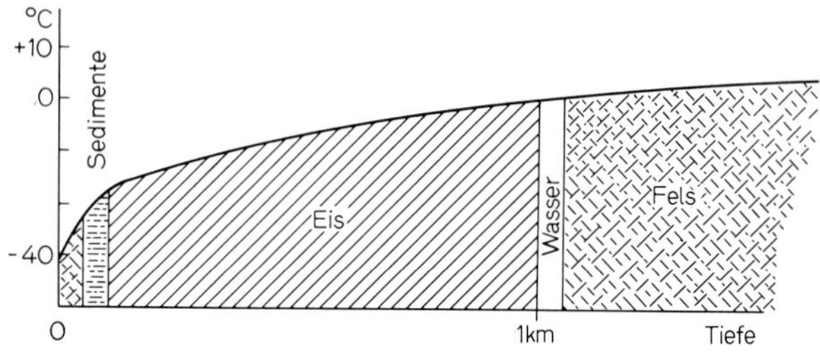

Abb. 35. Mondkrusteprofil nach GOLD

in den leeren Raum. Im ewigen Schatten dagegen kann das Eis, wie oben gesagt, sehr lange erhalten bleiben.

Jedenfalls haben wir von den sublunaren Schichten manche Überraschungen zu erwarten, wenn wir einmal imstande sein werden, am Monde geologische Bohrungen zu unternehmen.

Radaruntersuchungen des Mondes. Neben optischen Beobachtungen können wir den Mond auch im Radiogebiet mit Hilfe der Radartechnik untersuchen. Das erste Radarecho vom Monde wurde im Jahre 1946 in Ungarn erzielt. Seitdem hat die Radartechnik sehr große Fortschritte gemacht. Wie bekannt, sendet die Radarantenne kurze Radioimpulse von sehr großer Leistung gegen den Mond aus. Sie werden von seiner Oberfläche reflektiert und mit einer Verspätung von etwa 2,56 Sekunden auf der Erde empfangen. Aus der Verspätung wird mit Hilfe der bekannten Geschwindigkeit der Radiowellen (300 000 km/sec) die Entfernung der Reflexionsstelle am Monde vom Beobachter berechnet.

Da der Mond eine Kugel ist, wird der Radarimpuls zuerst von der Mitte der Mondscheibe (Abb. 36), die der Erde am nächsten ist, zurückgeworfen, und dann entfernt sich das Reflexionsgebiet in der Form einer Ringfläche von der Mitte zum Rande des Mondes. Dabei entsteht eine (die größte) Zeitdifferenz von (bis zu) 11,6 Millisekunden (0,0116 sec), die man mit einer Genauigkeit

von einigen Mikrosekunden (0,000 001) messen kann. Nun ist es
sehr lehrreich, die Beziehung zwischen dieser relativen Verspätung
und der Echointensität zu untersuchen. Die Verspätung gibt die
Lage der Reflexionszone auf der Mondkugel an (Abb. 36) und die

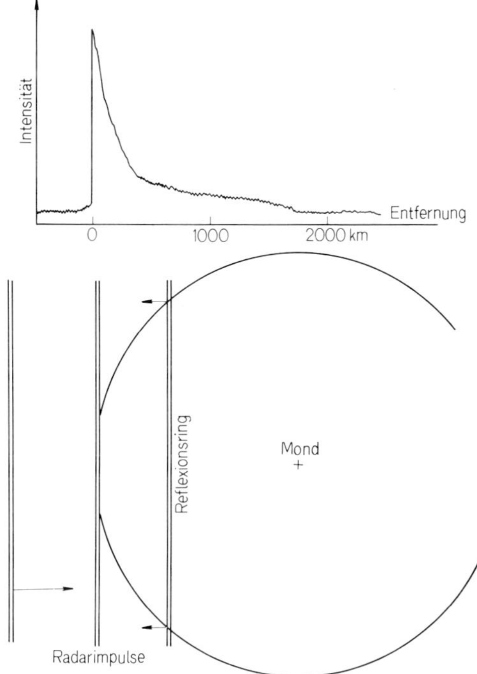

Abb. 36. Radarecho von dem Monde. Oben die zeitliche Änderung des
reflektierten Radarsignals, unten die entsprechende Lage des Radarimpulses

Echostärke deren Reflexionsvermögen. Die Form der betreffenden
Kurve hängt von der Wellenlänge des Radarimpulses ab. Für
lange Wellen von 6 m gibt es eine sehr starke Reflexion in der
Mitte der Scheibe, und ihre Intensität fällt rasch zum Mondrande
ab. In dem Zentimetergebiet ist die Abnahme viel langsamer,
ebenso im Millimetergebiet der Wellenlängen. Für lange Wellen
ist die Mondoberfläche fast nur spiegelnd (in der Scheibenmitte)
und für kurze Wellen ist sie fast überall streuend.

Aus dem Wert des Reflexionsvermögens kann man auch den Wert der Dielektrizitätskonstante bestimmen. Diese ist etwa dreimal kleiner als der Wert bei den irdischen Mineralen. Daraus können wir auch auf relativ große Porosität der oberen Schichten schließen, und da die langen Radiowellen in die Tiefe von etwa 10 m eindringen können, findet sich folglich dieses Material bis zu dieser Tiefe vor.

Die einfache Methode der Ringzonen gibt also den Mittelwert des Reflexionsvermögens der ganzen Zone an. Die lokalen Abweichungen werden dabei sehr undeutlich, wenn sie nicht ganz ver-

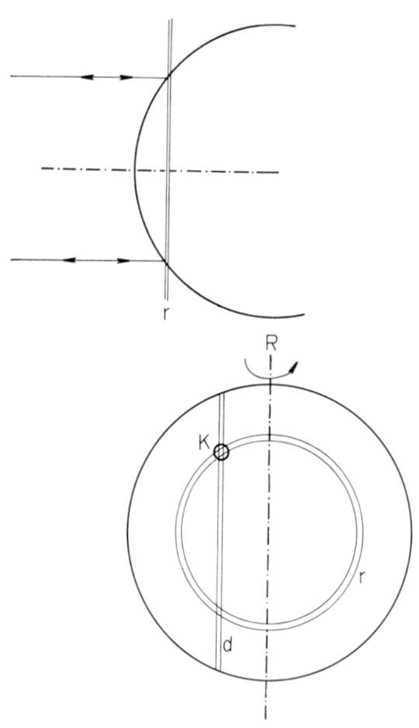

Abb. 37. Lokalisierung des Radarechos auf dem Monde, *r* die Ringzone des Echos, *d* der Doppler-Streifen der konstanten Radialgeschwindigkeit

schwinden. Um die lokale Struktur der Oberfläche durch Radarecho zu erforschen, hat man diese Methode mit dem Dopplerschen Effekt kombiniert. Infolge der Libration (S. 16) zeigt die Mondoberfläche eine gewisse Rotation der Erde gegenüber. Eine Hälfte (Abb. 37) der Mondscheibe nähert sich uns und die andere entfernt sich von uns. Die Geschwindigkeit dieser radialen Bewegung ist konstant entlang des Streifens, der parallel zur Rotationsachse gelegt ist (Abb. 37). Diese radiale Bewegung hat eine Doppler-Verschiebung der Wellenlänge der Impulse zur Folge, die man genau messen kann. Durch die gleichzeitige Bestimmung der Verspätung und Verschiebung des Radarechos kann man seine Stelle am Monde zweideutig lokalisieren (Abb. 37) als Schnittstellen der Ringzone mit dem Streifen. Wenn man dieselbe Bestimmung später mit einer anderen Lage der Rotationsachse wiederholt, wird die Zweideutigkeit aufgehoben. In dieser Weise sind wir imstande, Flächen von 20×20 oder gar 10×10 km am Monde auf ihr Reflexionsvermögen zu untersuchen. Dieses ist annähernd gleichmäßig über die Mondscheibe verteilt, mit Ausnahme von Strahlenkratern wie z. B. Tycho, Copernicus usw., wo sein Wert bis 10mal größer ist. Diese Anomalie ist entweder durch die größere Dielektrizitätskonstante oder durch Rauhigkeit des Bodens bedingt. Man muß dabei an die ähnliche thermische Anomalie derselben Krater denken (S. 46).

Vulkanismus auf dem Monde. Abgesehen von den Hypothesen über den möglichen Ursprung einiger Mondkrater (S. 37) hat der Gedanke des Mondvulkanismus durch Beobachtungen KOSYREVS am Krater Alphonsus vom 3. November 1958 neuen Aufschwung genommen. Es wurde damals das Spektrum des Kraters photographiert, weil der Zentralberg abnormal hell erschien. Das Spektrum zeigte verschiedene Emissionsbänder, die dem Kohlenstoffmolekül entsprechen sollten. Von KOSYREV wurde dies als Beweis einer vorübergehenden Vulkantätigkeit des Zentralberges angesehen, die etwa 30 Minuten dauerte. Aus dem Zentralberg, der zuerst rötlich und dann weiß erschien, hätte sich Lava ergossen, und die Bildung von Gasen wäre damit verbunden gewesen, die dann durch die Sonnenstrahlung zum Leuchten erregt worden wären (Abb. 38).

Man kann sich aber mit ÖPIK fragen, ob die Gase, die aus dem Mondinneren entweichen, eine Wolke von genügender Dicke bilden konnten, oder ob sie sich nicht sehr schnell nach allen Seiten im leeren Raum verteilt haben müßten. Man hat nämlich die Emission nur auf dem belichteten, etwa 2 km langen Abhang des

Zentralberges beobachtet, und es ist wenig wahrscheinlich, daß dort die Gase $^1/_2$ Stunde in merklichen Mengen geblieben wären, wenn nicht etwa infolge sehr intensiver Ausströmung. Es ist ganz gut denkbar, daß es sich auch hier um die Lumineszenz des belichteten Abhanges handelte, der kurzzeitig durch Sonnenstrahlung erregt wurde.

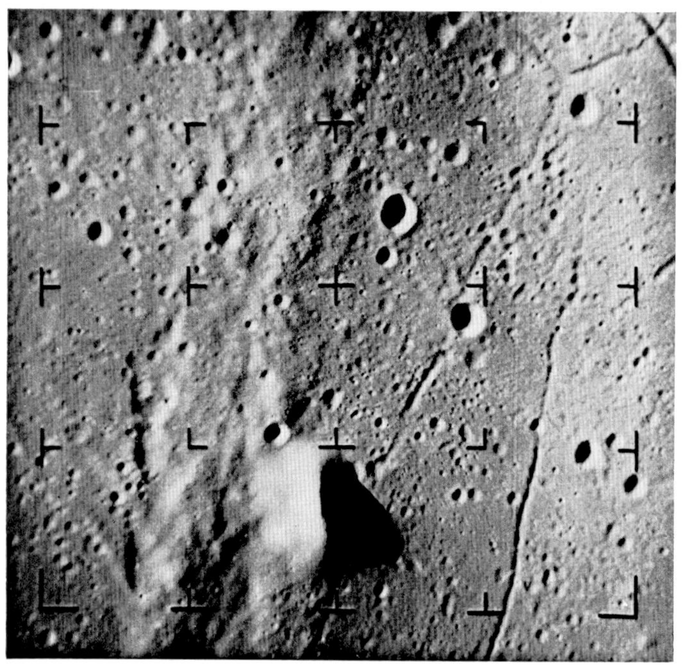

Abb. 38. Fernsehbild des Zentralberges im Krater Alphonsus nach einer Ranger IX-Aufnahme aus der Höhe von 90 km (Photo USIS)

Dieses Ereignis hat natürlich bei den Astronomen sehr großes Interesse wachgerufen, die sich gefragt haben, ob ähnliche Erscheinungen schon früher beobachtet wurden und ob es nicht nützlich wäre, die Mondoberfläche unter Kontrolle zu halten. Dazu gibt auch die Entdeckung der Mondlumineszenz einen wichtigen Anlaß.

Vorübergehende Ereignisse auf dem Monde. Schon früher, noch vor der aufsehenerregenden Beobachtung des Kraters Alphonsus, wurde nach Veränderungen auf dem Monde geforscht und manchmal wurden solche auch subjektiv gefunden. Man hat z. B. viel von den Veränderungen des Kraters Linné gesprochen, der früher deutlicher als jetzt erschien. In diesen und ähnlichen Fällen handelte es sich aber um ein Spiel von Licht und Schatten und nicht um wirkliche, d. h. materielle Veränderungen der Mondoberfläche. Obwohl diese durch äußere (Meteoritenstürze) oder innere Kräfte durchaus möglich sind, wurden sie bisher niemals objektiv festgestellt.

Trotzdem hat die Überprüfung von älteren Nachrichten und eine neuerlich organisierte Suche etwa 600 Ereignisse vorübergehender Natur gebracht, davon etwa 400 vor dem Jahre 1958. Sie sind durch eine kurzzeitige Anomalie der Helligkeit oder der Farbe einiger Stellen der Mondoberfläche gekennzeichnet. In jüngster Zeit hat man in den USA und in England eine systematische Überwachung des Mondes organisiert. Dazu wurde eine spezielle Blinkapparatur konstruiert. Das Mondlicht geht durch einen rotierenden Sektor mit blauem und rotem Filter und fällt dann auf das Televisionsystem, wo das Mondbild verstärkt wird, und die Beobachtung erfolgt dann mit einem schwachen Okular. Unter normalen Verhältnissen werden beide farbigen Lichtbündel derart durch neutrale Filter abgestimmt, daß am Televisionsbilde kein Flackern zu beobachten ist. Ändert sich auf einmal die Farbe an irgendeiner Stelle der Mondoberfläche, so sieht man dort ein schwaches oder stärkeres Flackern. Die Empfindlichkeit der Apparatur erlaubt schon eine 2%ige Änderung der Farbe zu erkennen. In solcher Weise hat man zwischen 1964—1966 nicht weniger als 25 Ereignisse, am häufigsten in der Umgebung des Kraters Aristarchus beobachtet.

Was die Erklärung der vorübergehenden Ereignisse anbelangt, sind wir noch nicht so weit, eine solche mit Sicherheit abzugeben. Man kann natürlich an die Lumineszenz denken, die ebensogut für Gase wie feste Oberflächen paßt. Wenn man von der Energiebilanz absieht, so bieten sich die Sonnenaktivität und die Entgasung der Oberfläche als mögliche Ursachen der Ereignisse an. Die statistischen Untersuchungen sprechen nur wenig für die Sonnenaktivität, ebensowenig auch der Mangel von guten und seit langer Zeit bekannten Indikatoren der Sonnentätigkeit. Doch soll hiermit nicht jeder Einfluß bestritten werden.

Besser sehen die statistischen Untersuchungen aus, die mit der Entgasung der Mondoberfläche rechnen. Man hat hier festgestellt, daß die Ereignisse zahlreicher sind, wenn sich der Mond in Erdnähe befindet. Durch die Anziehung der Erde, deren Gezeitenkräfte am Monde etwa 50mal stärker sind als auf der Erde, können Deformationen der Mondkruste entstehen und damit Gase frei werden. Die durch Sonnenstrahlung erregte Lumineszenz der Gase beobachten wir dann vorübergehend als eine Farbänderung in der Umgebung der Gasausströmung. Auch hier ist es aber fraglich, ob die Dichte der in den leeren Raum entweichenden Gase für eine sichtbare Erscheinung genügend groß ist.

5. Mondfinsternisse

Allgemeine Bedingungen der Mondfinsternisse. Die Erde, durch die Sonne beleuchtet, wirft hinter sich den konvergierenden Kernschatten und den divergierenden Halbschatten (Abb. 39), die durch die gemeinsamen Tangenten der Erde und der Sonne be-

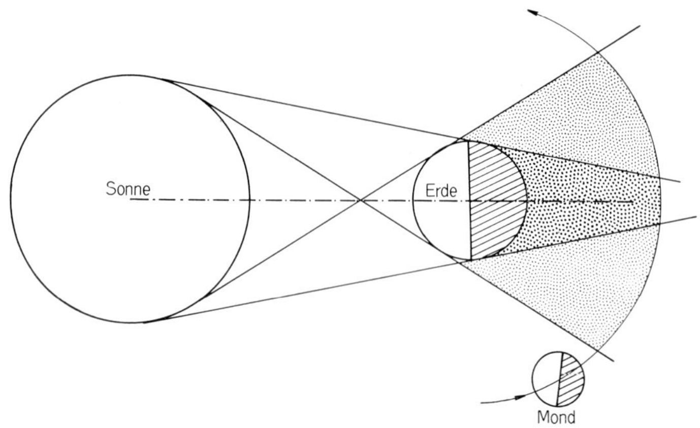

Abb. 39. Schema einer Mondfinsternis

grenzt sind. Eine Mondfinsternis entsteht, wenn der Mond in seinem Umlauf diese beiden Schatten durchwandert. In dieser Weise können drei Arten der Finsternisse stattfinden. Bei der totalen

58

Finsternis dringt der Mond völlig in den Kernschatten ein, die partielle Finsternis ist durch das teilweise Eindringen in den Kernschatten gekennzeichnet, und man spricht auch von Halbschattenfinsternissen, die aber kaum bemerkbar sind (Abb. 40).

Eine Mondfinsternis kann nur bei Vollmond entstehen, aber auch nur dann, wenn sich der Mond gleichzeitig in der Nähe der Erdbahn- oder Ekliptikebene befindet. Da die Mondbahn gegen diese Ebene um etwa $5°$ geneigt ist (Abb. 40), treten in einem

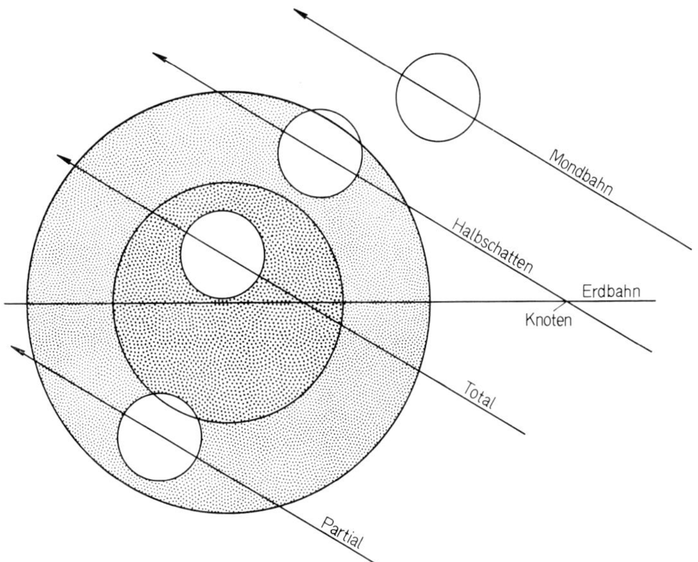

Abb. 40. Gegenseitige Lage der Mond- und Erdbahn bei einer Mondfinsternis

Jahr nur wenige Finsternisse ein. Es gibt Jahre ohne jede Finsternis. Die größte Anzahl sind 3 Erscheinungen im Jahre. In der folgenden Tabelle sind künftige Finsternisse bis zum Jahre 1975 angeführt.

Die Größe der Finsternisse wird in Zoll ausgedrückt, wobei der Monddurchmesser 12 Zoll beträgt. Wenn z. B. die Größe der Finsternis 6 Zoll ist, so bedeutet es, daß in der Mitte der Finsternis genau $^6/_{12}$ des Monddurchmessers, d. h. $^1/_2$ verfinstert wird. Wenn

die Größer kleiner als 12 Zoll ist, handelt es sich um eine partielle
Finsternis, 12 Zoll und größer entspricht der totalen Finsternis. Mit
D bezeichnete Erscheinungen sind in Deutschland sichtbar.

Künftige Mondfinsternisse
MEZ

Datum	Anfang		Mitte		Ende		Größe
	St.	Min.	St.	Min.	St.	Min.	Zoll
1970 21. II.	9	05	9	31	9	57	0,6
17. VIII. — D	3	14	4	25	5	36	5,0
1971 10. II.	6	55	8	42	10	29	15,6
6. VIII. — D	18	52	20	44	22	36	20,7
1972 30. I.	10	11	11	53	13	35	12,9
26. VII.	6	58	8	18	9	38	6,9
1973 10. XII. — D	2	12	2	48	3	24	1,2
1974 4. VI. — D	21	41	23	14	0	47	9,9
29. XI. — D	14	30	16	16	18	02	15,5
1975 25. V.	4	57	6	46	8	35	17,5
18. XI. — D	21	42	23	24	1	06	13.1

Beschreibung einer Mondfinsternis. Eine Mondfinsternis gehört zu den eindrucksvollsten astronomischen Erscheinungen, die
der Laie mit bloßem Auge beobachten kann. Sie beginnt zwar mit
dem Eintritt in den Halbschatten, aber man sieht die ersten Zeichen der Verfinsterung erst, wenn der Mond schon tief in den
Halbschatten eingedrungen ist.

Der Beginn der partiellen Finsternis ist schon in den ersten
Minuten (Abb. 40) als ein Defekt, der schon vom Halbschatten
abgedunkelten Mondscheibe bemerkbar. Zuerst scheint uns der
Kernschatten tiefschwarz, was man der Kontrastwirkung zwischen
dem hellen und dunklen Teil des Mondes zuschreibt. Wenn aber
der Mond genügend tief in den Kernschatten eindringt, beginnt
man auch dort die Umrisse der Scheibe und manche Oberflächen-
details zu sehen. Während der Totalität (S. 59) ist die Helligkeit
des Mondes stark veränderlich, was noch später dargelegt wird
(S. 66). Gewöhnlich erscheint der verfinsterte Mond rot bis tiefrot
am dunklen gestirnten Himmel und bietet dem Beobachter einen
recht schönen malerischen Anblick. Nach der Totalität verlaufen
die Erscheinungen fast symmetrisch zur ersten Hälfte der Finsternis bis zum Austritt aus dem Halbschatten.

Man könnte vielleicht überrascht sein, daß der Mond auch im Kernschatten sichtbar ist, obzwar dort definitionsgemäß kein Sonnenlicht eindringen soll. Die Erklärung liegt darin, daß die Sonnenstrahlen durch die Brechung in der Erdatmosphäre gebeugt und in den Kernschatten gelenkt werden. Diese Tatsache war schon im 17. Jahrhundert KEPLER bekannt und wurde in unserem Jahrhundert die Grundlage der photometrischen Theorie der Mondfinsternisse.

Photometrische Theorie der Mondfinsternisse. Das geometrische Schema der Finsternisse (Abb. 39) vernachlässigte die Anwesenheit der Lufthülle unserer Erde und ist daher nicht imstande, die Sichtbarkeit des Mondes im Kernschatten zu erklären. Eine zuverlässige Theorie der Mondfinsternisse konnte jedoch erst in den letzten Dezennien, um 1930, ausgearbeitet werden, nach dem wir die erforderlichen Kenntnisse über den Aufbau der Erdatmosphäre bis in große Höhen erworben hatten. Dazu gehört an erster Stelle die Kenntnis des Verlaufes der Luftdichte mit der Höhe, die zur Berechnung der Refraktion und Lichtabsorption in verschiedenen Höhen nötig ist.

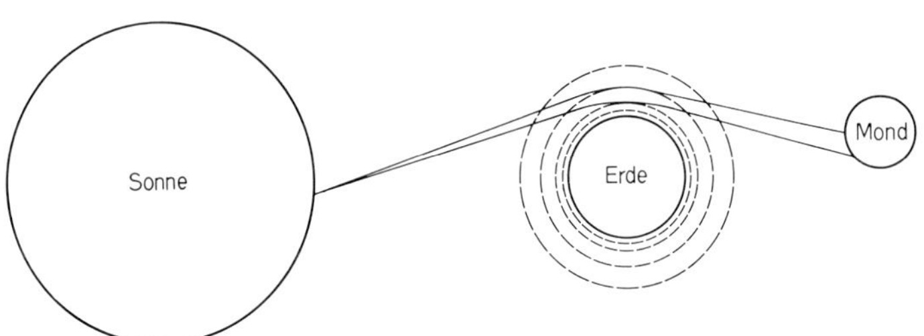

Abb. 41. Wirkung der Atmosphäre bei einer Mondfinsternis

Ein Strahlenbündel, das aus einem Sonnenelement ausgesandt wird (Abb. 41) und die Erdatmosphäre durchdringt, um den Mond zu beleuchten, erleidet folgende Veränderungen:

a) Die Ablenkung durch die Refraktion. Dadurch können die Sonnenstrahlen auch in den Kernschatten eindringen (Keplersche Erklärung).

b) Die Schwächung durch die Lichtabsorption, oder besser gesagt, durch die Lichtstreuung und die wahre Absorption, die sich nur in gewissen Spektralbereichen äußert.

c) Die Schwächung durch die Refraktion, die dadurch entsteht, daß die Refraktion die normale Divergenz des Strahlenbündels vergrößert.

Die Aufgabe der Theorie besteht darin, auf Grund der bekannten Struktur der Atmosphärenschichten bis etwa 50—80 km Höhe diese drei Faktoren zu berechnen und durch Summierung über die ganze Sonnenscheibe die Beleuchtung des verfinsterten Mondes zu bestimmen. In dieser Weise kann man schon verschiedene charakteristische Merkmale der Finsternisse erklären. Die rote Farbe der inneren Teile des Kernschattens steht mit der Lichtstreuung in der Atmosphäre in Verbindung. Nach dem Rayleighschen Gesetz ist die Lichtstreuung an den Luftmolekülen der vierten Potenz der Wellenlänge umgekehrt proportional. Das rote Licht wird deshalb ungefähr 16mal weniger gestreut als das violette. In dem weißen Lichtbündel sind also die kurzwelligen Komponenten mehr geschwächt als die langwelligen. Die Sonne am Horizont erscheint deswegen rot, weil die meisten violetten und blauen Strahlen zerstreut sind; sie finden sich im blauen Himmelslicht wieder.

Am Rande des Kernschattens, wo die Lichtstreuung schon schwach ist, kommt noch die Schwächung des Lichtes durch die Refraktion zum Vorschein. Da diese Schwächung von der Farbe unabhängig ist, sind diese Teile des Schattens auch ohne irgendeine Färbung.

Auch die Abhängigkeit der Mondhelligkeit von der Entfernung ist an Hand der Theorie ganz klar. Der wahre, durch die Refraktion modifizierte Scheitel des Kernschattens befindet sich in einer Entfernung von ca. 40 Erdradien von der Erdmitte, und der Mond ist ca. 60 Erdradien entfernt. In der Erdnähe dringt deswegen der Mond tiefer in den Schattenkegel ein und folglich ist seine Helligkeit geringer als in der Erdweite, was schon SEELIGER erkannt hat (1896).

Diese qualitativen Schlüsse müssen noch quantitativ geprüft werden. Dadurch sind die Messungen des Schattens am Mond ein Mittel zur Erforschung der hohen Atmosphäre geworden. Die Messungen erfolgten bisher meistens durch visuelle Methoden, die in verschiedenen Farben durchgeführt worden sind. Aus den Messungen ergibt sich z. B., daß die Beleuchtung in den äußeren Partien des Kernschattens, wo sich die optischen Eigenschaften der hohen atmosphärischen Schichten spiegeln, schwächer ist als ihr theoretischer Wert.

Ein Teil dieser Differenz ist durch die Ozonschicht zwischen 15—40 km Höhe bedingt. Man kann sogar daraus die Ozonverteilung mit der Höhe bestimmen. Sie steht im Einklang mit den direkten Bestimmungen, die erst in letzterer Zeit zur Verfügung stehen. Der andere Teil der gefundenen Differenz ist auf die Anwesenheit von Staubpartikeln in den höheren Schichten der Atmosphäre zurückzuführen. Diese Tatsache wird weiter mit der Frage der Vergrößerung des Erdschattens behandelt.

Vergrößerung des Erdschattens. Die ersten Versuche am Ende des vorigen Jahrhunderts, eine zuverlässige Theorie der Mondfinsternisse zu schaffen, wurden durch die Suche nach einer Erklärung der Vergrößerung des Erdschattens veranlaßt. Schon seit dem 18. Jahrhundert ist es den Astronomen bewußt, daß die Grenze des Erdschattens, die trotz der Refraktion am Monde sichtbar ist, ein wenig weiter liegt, als nach dem geometrischen Gang der Strahlen zu erwarten ist. Wegen der Refraktion sollte sie eigentlich näher liegen.

Diese Vergrößerung des Erdschattens wurde durch die Beobachtung während mehrerer Mondfinsternisse festgestellt. Man beobachtet dazu die Kratereintritte oder Austritte aus dem Schatten, die sich gegen die Vorausberechnung ein wenig verfrühen bzw. verspäten. Daraus wurde die Vergrößerung von ca. 2% ermittelt. Sie entspricht einer scheinbaren Vergrößerung des Erdhalbmessers um 1,5% oder 90 km. So hoch liegt aber weder die Schwächung durch die Lichtstreuung noch durch die Refraktion. Man muß also nach einer anderen Ursache der Lichtschwächung suchen.

Diese Ursache liegt in der Existenz von hoher Absorption, die oben erwähnt wurde. Die in der Höhe von etwa 100 km vorhandene Absorption des Lichtes müßte sich besonders für horizontale Strahlen bemerkbar machen und zur Vergrößerung des Schattens beitragen. In diesem Zusammenhang sei noch gesagt, daß die Schattenvergrößerung im Laufe des Jahres veränderlich ist, und

zwar scheint sie zur Zeit der Aktivität der Meteorströme größer
zu sein. Solche Ströme, die in verschiedenen Jahreszeiten die Erdbahn kreuzen, bringen in die hohe Atmosphäre eine nicht unbeacht-
liche Menge von Meteorstaub, der in Höhen zwischen 100—150 km
abgebremst wird und von da ziemlich langsam zum Erdboden

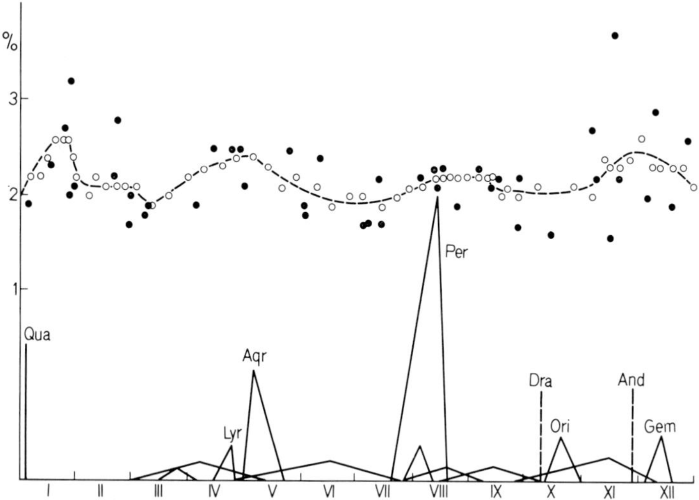

Abb. 42. Jährliche Kurve der Schattenvergrößerung (oben), verglichen
mit der Kurve der Meteoraktivität (unten)

fällt. Die beobachtete Schattengrenze sollte durch eine zeitliche
Anhäufung des Meteorstaubes beeinflußt werden, was die Beziehung zu Meteorströmen zu bestätigen scheint (Abb. 42).

Eine solche Beziehung ist auch in der Helligkeit der Mondfinsternisse bemerkbar. Die Statistik der Helligkeiten des verfinsterten Mondes in der Danjonschen Skala (S. 66) hat ergeben,
daß die Helligkeit dicht nach dem Maximum der Meteorströme
rasch abfällt (Abb. 43), um im Laufe von 1—3 Monaten wieder
den normalen Wert zu erreichen. Das ist offensichtlich der Einfluß
des Eindringens von Meteoritenmaterie in die hohe Atmosphäre,
die nach dem Maximum des Stromes langsam zur Erdoberfläche
fällt und in der oben angegebenen Zeitspanne gänzlich verschwindet. Zusammenfassend können wir also behaupten, daß der Me-

teorstaub in der hohen Atmosphäre die Ursache der zusätzlichen Schwächung des Lichtes und der Schattenvergrößerung ist.

Halbschattenfinsternisse des Mondes. Diese Erscheinung erweckt auf den ersten Blick kein großes Interesse, da es sich hier um eine einfache partielle Verfinsterung der Sonne durch die Erde handelt. Ein Beobachter, der sich am Monde im Halbschatten befände, würde also eine teilweise Bedeckung der Sonne durch die Erdscheibe sehen. Die Sonnenbeleuchtung an dieser Stelle hängt vom Verhältnis des unbedeckten Teiles der Sonne zur ganzen Sonnenscheibe ab. Die Berechnung ist an Hand der Randverdunkelung der Sonne in der gewünschten Genauigkeit durchführbar. Auch die

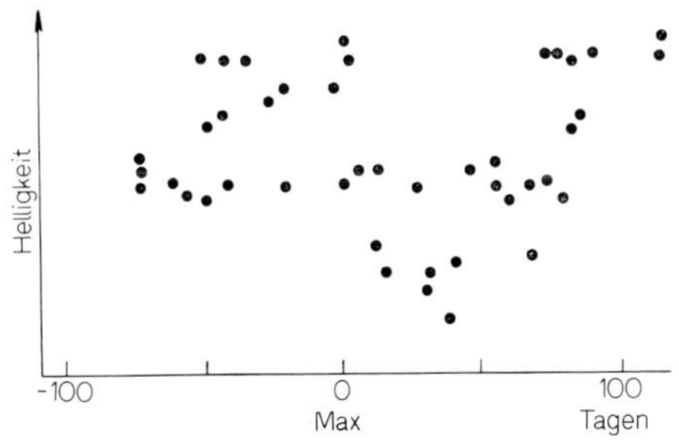

Abb. 43. Helligkeit der Mondfinsternisse nach dem Maximum (0) der Meteortätigkeit

photometrischen Messungen der Halbschattendichte bereiten keine großen Schwierigkeiten.

Der Vergleich der berechneten und beobachteten Beleuchtung brachte aber eine Überraschung. Der Halbschatten zeigte sich dabei in seinen inneren Teilen merklich heller (bis 2mal) als der berechnete Wert der Sonnenbeleuchtung. Ein Defizit wäre leicht durch die Wirkung der Erdatmosphäre zu erklären, aber nicht das Übermaß.

Deshalb nehmen wir als vernunftgemäße Erklärung die Lumineszenz der Mondoberfläche an. Im Halbschatten wird die sichtbare Sonnenstrahlung merklich geschwächt. Wenn aber die Erregung der Lumineszenz durch kurzwellige Sonnenstrahlung bewirkt wird, so ist die Schwächung dieser Strahlung relativ kleiner als diejenige der sichtbaren Strahlung. Die Ursache dieses Unterschiedes liegt darin, daß die Erregungsstrahlen hauptsächlich durch die Ringzone der äußeren Schichten zur Sonne emittiert werden, im Gegensatz zum sichtbaren Licht, das aus der ganzen Sonnenscheibe entsendet wird. Wenn z. B. schon $9/10$ der Sonnenscheibe bedeckt sind (Abb. 44), wird von der Ringzone nur etwa $2/3$ be-

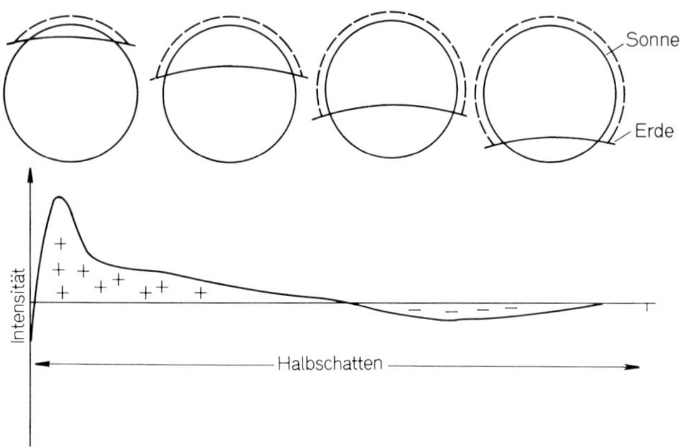

Abb. 44. Helligkeit im Halbschatten (unten) verglichen mit der entsprechenden Phase der Sonnenfinsternis (oben)

deckt. Darum treten die Erregungsstrahlen in dem Halbschatten und die damit verbundene Lumineszenz des Mondes in den Vordergrund, während sie außerhalb des Halbschattens im Vollmondlicht nur wenige Prozente beträgt.

Danjonsche Beziehung. DANJON hat alte Beobachtungen der Finsternisse gesammelt und inhaltlich bearbeitet. In seinem Material befinden sich natürlich keine Messungen der Schattendichte, sondern bloß wörtliche Beschreibungen der Mondfinsternisse mit Angaben über die Farbe und Helligkeit des verfinsterten Mondes. DANJON hat zur zahlenmäßigen Charakterisierung einzelner Finsternisse eine Skala gewählt, die von Nummer 0 bis 4 geht. Mit 0 bezeichnete er die dunkelste und farblose Erscheinung. Die hellsten, orangefarbigen Phänomene bekamen die Nummer 4, und dazwischen wurden allmähliche Übergänge, betreffend die Farbe und Helligkeit, eingeschaltet.

In dieser Weise klassifizierte DANJON etwa 150 Erscheinungen, die seit TYCHOS Zeiten (16. Jahrhundert) beobachtet und beschrieben wurden. Dann suchte er eine Beziehung zur Sonnentätigkeit, die, wie bekannt, sich im 11jährigen Zyklus ändert. Aus dem gesamten Material zog er dann folgende Schlüsse:

Der verfinsterte Mond ist während etwa 2 Jahren nach dem Minimum der Sonnentätigkeit sehr dunkel und wenig gefärbt. Von da ab nehmen Helligkeit und rote Farbe des Mondes zu bis zum Maximum, das dicht vor dem nächsten Sonnenminimum erreicht wird. Dieses wird durch eine plötzliche Abnahme der Helligkeit und Farbe gekennzeichnet (Abb. 45).

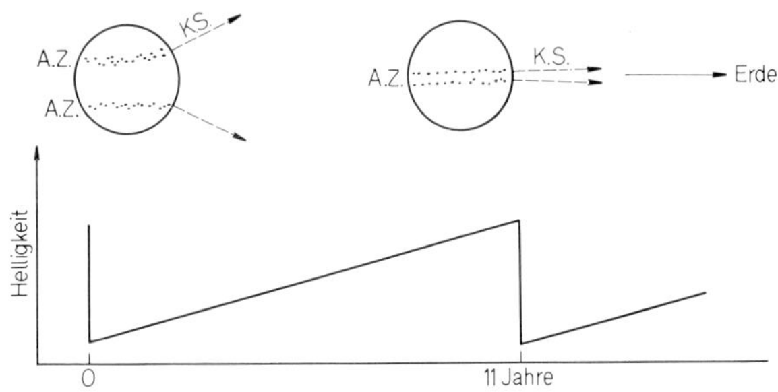

Abb. 45. Danjonsche Kurve der Finsternishelligkeit im Laufe des 11jährigen Sonnenzyklus. Oben die entsprechenden Situationen auf der Sonne mit Aktivitätszonen (A.Z.) und radialen Emission der Korpuskularstrahlen (K.S.)

Die Danjonsche Beziehung wurde später durch eine unabhängige Bearbeitung des erweiterten Beobachtungsmaterials bestätigt; auch die leider noch wenig zahlreichen Messungen der Schattendichte seit 1921 ergaben ähnliche, besonders die Farbe betreffende Schlüsse. DANJON selbst hat die Ursache der Änderungen in der irdischen Atmosphäre gesucht, aber in Wirklichkeit liegt sie lediglich auf dem Monde.

Im Kernschatten, wo die Sonnenbeleuchtung schon sehr schwach ist, kann die Lumineszenz der Mondoberfläche wichtig sein. Dort können die Korpuskularstrahlen aus der Sonne die Lumineszenz hervorrufen. Das Eintreffen dieser Korpuskularströme aus der Sonne hängt aber in zweierlei Weise vom Sonnenzyklus ab.

Erstens ändert sich die Stärke dieser Ströme mit der Sonnenaktivität und deswegen müßte die Mondlumineszenz in der Zeit des Sonnenmaximums auch ein Maximum zeigen. Aber für das Eintreffen der Korpuskularströme sind die Bedingungen am besten dicht vor dem Sonnenminimum. Die Korpuskularströme werden hauptsächlich aus dem Sonnenfleckengebiet ausgesandt, und zwar in radialer Richtung (Abb. 45). Im Laufe des 11jährigen Zyklus wandert die Fleckenzone aus höheren Sonnenbreiten, in denen sie sich nach dem Sonnenminimum befindet, gegen den Sonnenäquator, wo die Flecken dicht vor dem folgenden Minimum verschwinden. Dann steigt die Fleckenzone plötzlich in die höheren Breiten auf und damit beginnt ein neuer Sonnenzyklus. Dieses Spörersche Gesetz erklärt mit Hilfe der Mondlumineszenz die Danjonsche Beziehung. Die Korpuskularströme aus der Sonne können den Erdraum in größerem Maßstab nur dann treffen, wenn ihre Quellen gegen uns gerichtet sind, und das ist gerade vor dem Sonnenminimum der Fall. Nach diesem verschlechtern sich die Treffmöglichkeiten und dadurch verringert sich auch die mit der Lumineszenz verbundene Helligkeit des Mondes. Damit haben wir eine rationelle Erklärung der Danjonschen Beziehung gefunden.

Man kann aber diese Beziehung umkehren und aus den Mondfinsternissen bzw. aus der plötzlichen Abnahme der Helligkeit, die das Sonnenminimum begleitet, die Zeiten des letzteren besser bestimmen, als es manchmal aus spärlichen Sonnenbeobachtungen möglich ist. In der Geschichte der Sonnenphysik begannen nämlich die systematischen Beobachtungen der Sonne mit SCHWABE im Jahre 1823. Aus früherer Zeit stehen uns bloß gelegentliche Beobachtungen zur Verfügung, die WOLF zwar mit großem Fleiß bearbeitete, aber die Ergebnisse sind trotzdem nicht so zuverlässig wie nach dem Jahre 1823. Die Mondfinsternisse wurden dagegen immer mit größtem Interesse beobachtet und boten uns in der Vergangenheit ein reiches Beobachtungsmaterial. Die in dieser Weise bestimmten Sonnenminima stimmen, wie zu erwarten ist, nach dem Jahre 1823 ganz gut zu den Sonnenbeobachtungen; vor diesem Zeitpunkt dagegen verschlechtert sich die Übereinstimmung der beiden Reihen so merklich, daß man sich fragen kann, welche von den beiden geeigneter ist, die Sonnentätigkeit zu charakterisieren. WOLF legt z. B. das Fleckenminimum auf das Jahr 1611, in dem gerade die Sonnenflecken entdeckt worden sind. Wäre dieses Jahr wirklich das Minimumjahr gewesen, so ist es ganz unwahrscheinlich, daß damals die Zahl der Sonnenflecken genügend groß war, um auf sie aufmerksam zu werden.

Mondfinsternisse in der Geschichte. Die Mondfinsternisse gehören zu den ältesten astronomischen Erscheinungen, die in der Geschichte verzeichnet sind, wie aus unserer Übersicht (S. 2) hervorgeht. Das soll hier noch in seiner historischen Entwicklung näher erläutert werden.

In der immer runden Form des Erdschattens auf dem Monde sah ARISTOTELES (4. Jh. v. Chr.) mit Recht den Beweis für die Kugelgestalt der Erde, da nur eine Kugel von verschiedenen Seiten beleuchtet immer einen kreisrunden Schatten wirft. Später hat ARISTARCHOS (3. Jh. v. Chr.) die Mondfinsternisse zur Bestimmung der relativen Größen des Systems Mond—Erde—Sonne vorgeschlagen, was später durch HIPPARCHOS (2. Jh. v. Chr.) verwirklicht wurde. PTOLEMÄUS (2. Jh. v. Chr.) war der erste, der die Mondfinsternisse zur Vervollkommnung der Theorie der Mondbewegung ausnützte; dieser von ihm eingeschlagene Weg wurde bis in die Gegenwart verfolgt.

Wegen ihrer Augenfälligkeit haben die Mondfinsternisse schon immer das Interesse der Menschen erregt, und so findet man von solchen in den historischen Quellen viele Beschreibungen. Diese Tatsache ist aber zur Bestimmung der damaligen Lage des Mondes, der im Zeitpunkt der Finsternis der Sonne gegenübersteht, wichtig. Da die alten Positionen der Sonne gut bekannt sind, ist durch jede solche Finsternis auch die Lage des Mondes mitbestimmt. Die alten Mondpositionen sind aber für die Theorie sehr wertvoll, da sie es möglich machen, mit relativ großer Genauigkeit die zahlreichen Störungen der Mondbewegung (S. 6) zu erfassen.

Im 17. Jahrhundert hat LANGRENUS den alten Vorschlag von HIPPARCHOS, die Mondfinsternisse zur Bestimmung der geographischen Längen anzuwenden, aufgegriffen und in der Form der Beobachtung der Kraterkontakte mit dem Erdschatten vervollkommnet. In dieser Zeit der stürmischen Entwicklung der Schifffahrt war das Problem der Bestimmung der geographischen Längen von allergrößter Wichtigkeit, und man hat damals viel Arbeit

geleistet und sich viel Kopfzerbrechen gemacht, um diese schwierige
Aufgabe zu lösen. Zur Bestimmung der Längendifferenz zweier
Orte genügt es, die Differenz der lokalen Zeiten an beiden Stellen
zu kennen. Der Beobachter in Athen kannte zwar seine Ortszeit,
aber er konnte nicht wissen, welche Zeit es gleichzeitig in Rom gab,
um daraus die Längendifferenz der beiden Städte zu ermitteln.
Kurz gesagt, den Alten fehlten unsere Zeitsignale, und als Ersatz
sollten die Mondfinsternisse dienen. Die gleichzeitige Beobachtung
der Kraterkontakte an beiden Orten gibt solche Signale mit einer
für den damaligen Stand der Astronomie ausreichenden Genauigkeit.

Die Mondfinsternisse wurden deshalb im Laufe des 17. und 18.
Jahrhunderts aufmerksam beobachtet und diese Beobachtungen
brachten kleinere oder größere Überraschungen. Aus der Mondfinsternis im Jahre 1634 schloß man, daß die Entfernung zwischen
Kairo und Westeuropa um etwa 1000 km zu verkürzen ist, um
nur ein naheliegendes Beispiel anzuführen. Für die Bestimmungen
der Lage in Amerika und Ostasien waren damals die Mondfinsternisse von unentbehrlichem Wert.

Später haben uns die Mondfinsternisse mehrere neue Anschauungen über die Erdatmosphäre und über den Mond gebracht,
was schon an manchen Stellen erörtert wurde. Wir wollen hier nur
noch einige Mondfinsternisse anführen, die mit bekannten historischen Ereignissen zusammenhängen und dadurch auch für die
Chronologie wichtig sind.

Datum:	Beschreibung:	Quelle:
523 16. VII. v. Chr.	In dem 7. Jahre der Regierung von KAMBYSES eine Stunde vor Mitternacht wurde der Mond in Babylon in der nördlichen Hälfte der Scheibe verfinstert.	PTOLEMÄUS: Große Syntaxis, V, 14.
413 27. VIII. v. Chr.	Diese Finsternis hat den Abzug der griechischen Flotte verzögert und die Niederlage durch die Syrakuser ermöglicht.	PLUTARCHOS: Leben von Nikias

331 20. IX. v. Chr.	Diese Finsternis fand elf Tage vor der Schlacht bei Arbella statt.	PLUTARCHOS: Leben von Alexander
172 3. IX. v. Chr.	Am Vorabend der Schlacht bei Pydna wurde diese Finsternis vom römischen Tribun C. SULPICIUS GALLUS vorausberechnet.	LIVIUS: Römische Geschichte, XLIV, 37.
33 3. IV. n. Chr.	Diese Finsternis wird allgemein mit der Kreuzigung Christi in Zusammenhang gebracht.	
72 22. II. n. Chr.	Ein Beispiel einer sogenannten horizontalen Finsternis, wobei durch die Strahlenbrechung Sonne und Mond gleichzeitig oberhalb des Horizontes stehen.	PLINIUS: Naturgeschichte II, 3.
1504 1. III. n. Chr.	COLUMBUS, damals in Amerika, hat diese Finsternis benützt, um die Vorräte der von Schrecken beherrschten Indianer für die Spanier zu bekommen.	C. HELPS: Leben von Columbus.

6. Raumerforschung des Mondes

Etappen der Raumerforschung. Da der Mond in der Tragweite unserer astronautischen Mittel liegt, ist er auch zum Ziel der Raumerforschung geworden. Wir beabsichtigen hier nicht über die wahren oder bestimmenden Motive dieser sehr kostspieligen Unternehmungen zu diskutieren. Wir wollen bloß dem Leser ihre astronomische Seite verständlich machen und ihm die wichtigsten Ergebnisse vorlegen. Man kann in dieser Hinsicht folgende Etappen der Raumerforschung des Mondes unterscheiden:

1. Das Erreichen des Mondes durch harte Landung der Raumsonde.

2. Dasselbe durch weiche Landung mit nachfolgender Beobachtung der Mondoberfläche aus der Raumsonde.

3. Die Umkreisung des Mondes durch die Raumsonde.
Dazu wird hoffentlich in Zukunft kommen:

4. Die Landung des Menschen auf dem Monde.

Die Vorteile der Raumerforschung des Mondes gegenüber den klassischen Methoden liegen auf der Hand. Bisher konnten wir den Mond aus rund 400 000 km Entfernung beobachten. Diese große Entfernung konnte zwar durch die Teleskope auf einige hundert Kilometer verringert werden, aber die zitternde Lufthülle der Erde setzt hier die Grenze, die niemals überstiegen werden kann.

Die andere Seite des Mondes war für uns unsichtbar, und endlich hatten wir bisher keine Möglichkeit, die Mondoberfläche direkt zu untersuchen. Die Raumerforschung des Mondes hat alle diese Schwierigkeiten behoben und wir hoffen, daß demnächst Menschen den Mond wie Forschungsreisende persönlich kennen lernen werden. Dann werden die Geographen (Selenographen) und und die Geologen (Selenologen) zu Wort kommen.

Ein wenig Himmelsmechanik. Bei allen diesen Unternehmungen spielt die Himmelsmechanik eine hervorragende Rolle, die alle Bewegungen der Himmelskörper und auch diejenigen der Raumsonden und der Raumschiffe regelt. Die Grundlage der Himmelsmechanik ist das Newtonsche Gesetz (S. 9).

Wenn wir ein Raumschiff in den Kosmos senden wollen, so müssen wir ihm eine bestimmte Geschwindigkeit erteilen, um die Erdanziehung zu überwinden. Die Größe der Geschwindigkeit hängt von unserer Absicht ab, ob wir nämlich die Rückkehr oder das Entweichen der Raumsonde wünschen. Wenn eine Sonde in den Raum geschleudert wird, so beschreibt sie je nach ihrer Geschwindigkeit eine Ellipse oder eine Hyperbel. Der Kreis oder die Parabel, von denen auch bei dieser Gelegenheit gesprochen wird, sind nur ideale Übergangsfälle, die niemals zu verwirklichen sind.

Aus den Gesetzen der Himmelsmechanik ergeben sich folgende Grenzgeschwindigkeiten:

Kreis	Ellipse	Parabel	Hyperbel
7,61 km/sec	bis	10,76 km/sec	größer

Diese Werte gelten für die Höhe von 500 km, wo der Luftwiderstand schon sehr klein ist.

Bei einer Geschwindigkeit, die kleiner als die Kreisgeschwindigkeit ist, fällt die Sonde unbedingt zu Erde. Die Geschwindigkeiten, die zwischen der Kreisgeschwindigkeit (7,61 km/sec) und der Parabelgeschwindigkeit (10,76 km/sec) liegen, ergeben die elliptischen Bahnen, welche, falls gut orientiert, die Erdoberfläche nirgendwo berühren, aber doch die Erde völlig umkreisen (Abb. 46). Noch größere Geschwindigkeiten ergeben endlich die hyperbolischen Bahnen (Abb. 46), die ins Unendliche führen. In diesem Zu-

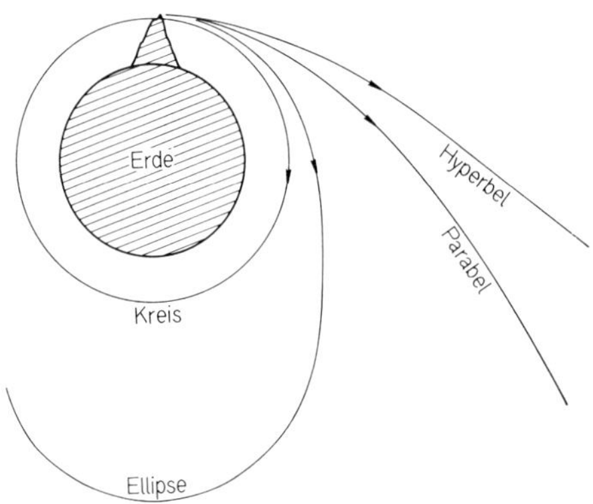

Abb. 46. Astronomische Ballistik

sammenhang spricht man auch von der ersten (7,61 km/sec) und der zweiten (10,76 km/sec) kosmischen Geschwindigkeit. Wir wollen aber diese nichtssagenden Ausdrücke vermeiden und immer nur die obigen, die den geometrischen Verhältnissen entsprechen, benützen.

Bisher haben wir nur die Erde als den einzigen Anziehungskörper betrachtet. Das ist praktisch nur in der Nähe der Erde gültig. Wenn sich im Laufe des Fluges die Sonde dem Monde

nähert, übernimmt er die Rolle der Erde, und in der Mondnähe
(300 km Höhe) haben wir folgende Geschwindigkeiten:

Kreis	Ellipse	Parabel	Hyperbel
1,55 km/sec	bis	2,19 km/sec	größer

Sie sind kleiner als die entsprechenden Erdwerte, da die Mondmasse und folglich die Anziehungskraft (etwa 6mal) kleiner ist
als diejenige der Erde. Die obigen Werte sind also für die Navigation in Mondnähe wichtig.

Nach der Erde und dem Mond tritt weiter die Sonne als Anziehungskörper auf. Dabei haben wir in der Erdentfernung
(149 500 000 km) folgende Werte der Geschwindigkeiten:

Kreis	Ellipse	Parabel	Hyperbel
30 km/sec	bis	42 km/sec	größer

Diese Werte werden im Falle der interplanetaren Navigation zur
Geltung kommen.

Harte Landung auf dem Monde. Die erste harte Landung
auf dem Monde wurde mit dem russischen Lunik 2 im September
1959 erreicht. Außerhalb dieser Landung, die hauptsächlich der
Priorität galt, wollen wir hier die Reihe der amerikanischen
Ranger-Landungen näher besprechen. Das ganze Unternehmen,
das nicht weniger als neun Ranger-Sonden umfaßt, ist ein Beispiel
für die Hartnäckigkeit, mit welcher die Amerikaner das Problem
der Landung auf dem Monde verfolgt haben, um endlich, wie sie
hoffen, den Menschen dorthin zu befördern. Das Ranger-Unter-
nehmen war der erste Schritt, um etwas Näheres über die Beschaffenheit der Mondoberfläche zu erfahren.

Von dieser Versuchsreihe, an der während fünf Jahren etwa
50 000 Menschen beteiligt waren, sind nur die drei letzten Ranger
VII, VIII und IX erfolgreich geworden. Die zwei ersten dienten
bloß als Versuchsmodelle für die Radioverbindungen. Ranger III
hatte sich auf die abgewandte Seite des Mondes verirrt. Ranger IV
und V hatten den Mond verfehlt und Ranger VI hatte zwar den
Mond erreicht, aber seine Fernsehapparatur hatte im kritischen
Moment versagt. Mit dem Score 3:6 haben die Ranger (= Land-
streicher) ihren Namen verdient!

Die Ranger-Sonde, die 246 kg wiegt und $2^{1}/_{2}$ m hoch ist (Abb. 47), wurde mit Hilfe einer Atlas-Agena-Rakete (31 m hoch, 125 Tonnen) direkt auf den Mond geschossen. Wegen der Bewegung der Erde und des Mondes war die Bahn eigentlich eine Kurve. Der Start des Ranger VII erfolgte am 28. Juli 1964. Wäh-

Abb. 47. Allgemeine Ansicht der Ranger-Sonde mit Sonnenbatterien (Flügel) und der parabolischen Antenne (Photo USIS)

rend des Fluges mußte man verschiedene Bahnverbesserungen und Orientierungsmanöver mit Hilfe von kleinen Raketenmotoren ausführen, um endlich am 31. Juli nach 68 Stunden das Ziel nur mit einer Abweichung von 10 km zu erreichen. Wir wollen hier noch betonen, daß trotz der sechs mißlungenen Ranger-Sonden die Amerikaner den Zielpunkt auf dem Monde eine Woche vor dem Start bekanntgegeben haben. Diese Landungsstelle wurde südlich des Kraters Copernicus gewählt, inmitten einer Ebene, bedeckt mit

Strahlen, die von Tycho und Copernicus ausgehen. Die Endge-
schwindigkeit von 9000 km/St führte natürlich zur Vernichtung
der Sonde, die aber in den 17 Minuten vor dem Aufprall mehr
als 4000 Fernsehbilder nach Kalifornien funkte (Abb. 48).

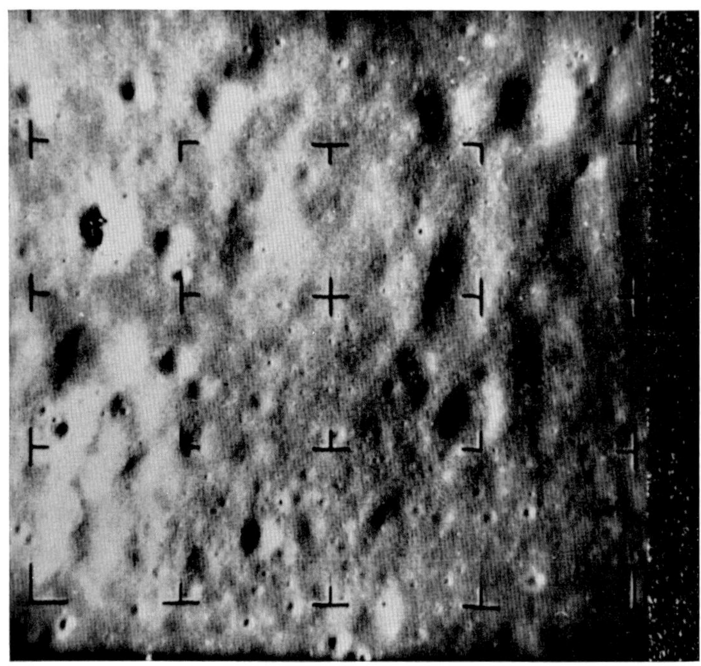

Abb. 48. Ranger VII-Fernsehaufnahme aus der Höhe von 5 km, d. h.
2¹/₃ Sekunden vor der harten Landung. Der Maßstab der Quadrate ist
2,6×2,6 km, und die kleinsten noch sichtbaren Krater haben etwa 10 m
Durchmesser (Photo USIS)

Die Fernsehapparatur, die zur direkten Übertragung diente
und fast ³/₄ der gesamten Sonde wog, bestand aus einer Batterie
von 6 Fernsehkameras mit Fokallängen von 25 und 75 mm. Sie
arbeiteten gleichzeitig mit der Bildgröße von 1,25 cm² (Nagel-
größe) und 8 mm² mit Expositionszeiten von ¹/₂₀₀ und ¹/₅₀₀ Sekunde. Die Fernsehübertragung hat immer 2¹/₂ bzw. ²/₁₀ Sekunden
in Anspruch genommen.

Am 20. Februar 1965 stürzte Ranger VIII nach einem mehr horizontalen als vertikalen Flug mit der Ernte von mehr als 700 Bildern über der Mondoberfläche ins Mare Tranquilitatis (Meer der Ruhe) ab. Endlich hat der letzte Ranger IX nach einer Übertragung von 6000 Aufnahmen am 24. März 1965 den Krater Alphonsus getroffen. Damit ist die Ranger-Dynastie mit Ehren ausgestorben, um Platz und Ruhm den Surveyorn (S. 77) und Orbitern (S. 81) zu überlassen.

Weiche Landungen auf dem Monde. Die erste weiche Landung auf dem Monde wurde mit der russischen Luna IX im Februar 1966 erreicht, die auch die ersten Televisionsbilder der nahen Umgebung zur Erde funkte. Die amerikanische Reihe der Landungen begann mit Surveyor I im Juni 1966 und wurde mit Surveyor VII im November 1967 abgeschlossen. Alle diese Unternehmungen hatten zum Ziel, die Mondoberfläche zuerst optisch und danach auch mechanisch und chemisch zu untersuchen. Dies ist sehr wichtig, unter anderem für die Landung der bemannten Raumschiffe, weil dabei die Tragkraft des Mondbodens eine große Rolle spielt.

Wir wollen hier einige Umstände und Ergebnisse der Surveyor-Reihe beschreiben, die für die Monderforschung besonders wichtig sind. Die etwa 300 kg wiegende Surveyor-Sonde wurde mittels einer Centaur-Rakete in einer geeigneten, sehr exzentrischen Bahn zum Monde geschleudert. In gewisser Höhe über der Mondoberfläche wurde ein nach unten gerichteter Raketenmotor gestartet und dadurch eine weiche Landung mit einer Metergeschwindigkeit erreicht.

Surveyor besteht aus einem dreifüßigen, artikulierten und elastischen Gestell, das alle nötigen Apparaturen trägt und ein beinahe senkrechtes Aufsetzen auf die Mondoberfläche ermöglicht. Bei der Landung von Surveyor III hat dieses zwei Sprünge von 24 und 12 Sekunden Dauer gemacht, bevor es sich am inneren Abhang eines Kraters von 200 m Durchmesser und 15 m Tiefe immobilisierte.

Die optische Untersuchung erfolgte mit einer Fernsehkamera. Ihre optische Achse ist beinahe vertikal. Das Objektiv mit veränderlicher Fokallänge (Zoomobjektiv 200—25 mm) wurde durch einen beweglichen Spiegel beleuchtet. Der Spiegel konnte im Azimut und in der Höhe rotieren, um die nahe oder fernere Umgebung der Landungsstelle rundum zu untersuchen. Dazu kommt auch die Möglichkeit, die Entnahme der Bodenproben zu verfolgen und gelegentlich auch einige astronomische Aufnahmen zu erhalten.

Die Fernsehbilder zeigen in der unmittelbaren Nähe der Landung kleinere oder größere Trümmer, die auch teilweise aus dem Boden ragen. Es gibt eckige wie auch abgerundete Steine (Abb. 49).

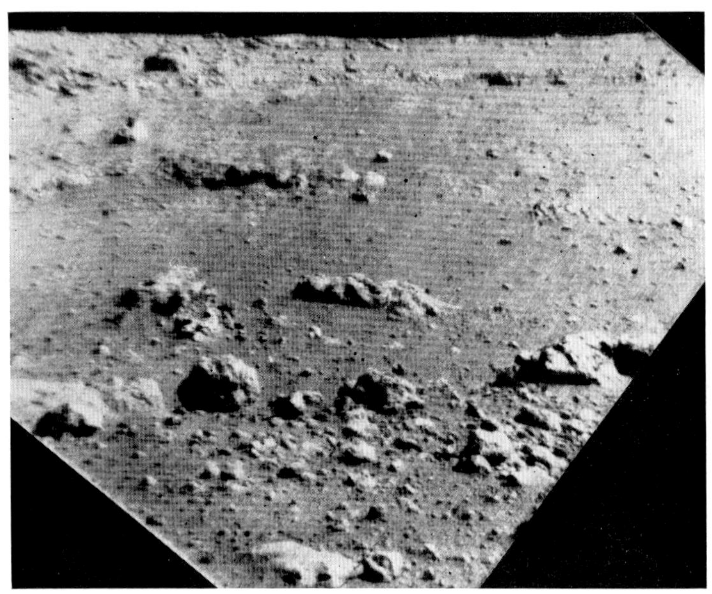

Abb. 49. Fernsehbild der unmittelbaren Umgebung der Sonde Surveyor VII in der Nähe von Tycho (Photo USIS)

Man hat auch eine geschichtete Struktur bemerkt. Die Größe variiert von den kleinsten noch sichtbaren Millimeterstücken bis zu großen etwa 1 m messenden Blöcken. In der weiteren Umgebung sieht man flache Krater zwischen 10 cm und 20 m Durchmesser, die den Landungskrater bedecken.

Schon das Landungsmanöver erlaubte eine Schätzung der Dichte und der Tragkraft des Mondbodens, da die Füße etwa

3—5 cm eindrangen. Dazu kommen noch sehr interessante Experimente mit einer Aushöhlungseinrichtung am Surveyor III. Ein pantographisch gearteter Arm (Abb. 50) hat an seinem Ende einen Löffel von 0,1 Liter Inhalt. Der Arm kann sich bis auf $1^1/_2$ m ausdehnen, den Boden anschlagen und sich bis auf 60 cm Entfernung

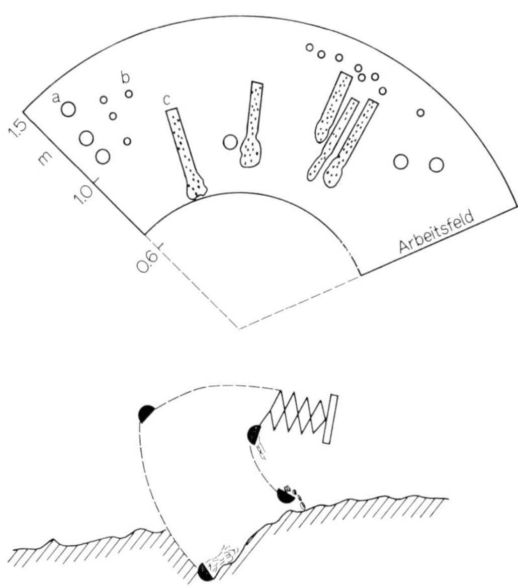

Abb. 50. Bodenprüfungen durch Surveyor III. Oben das Arbeitsfeld der Aushöhlungseinrichtung (s. Text), die unten schematisch gezeichnet ist

zusammenziehen. Außerdem kann sich die ganze Einrichtung in einem 110° weiten Sektor um die vertikale Achse drehen. Alle Bewegungen werden durch Elektromotoren betätigt und von der Erde durch Radiosignale gesteuert. Natürlich werden alle Operationen durch Television verfolgt und gefilmt. Man kann sich wirklich nicht mehr wünschen!

Mit dieser Einrichtung hat man drei verschiedene Experimente gemacht:

a) Den Tragkrafttest. Der geschlossene Löffel wurde auf die gewählte Stelle der Oberfläche gelegt und nach unten gepreßt.

b) Den Stoßtest. Der geschlossene Löffel wurde über die gewählte Stelle geführt und mit Hilfe einer Feder nach unten geschleudert.

c) Den Aushöhlungstest. Mit offenem Löffel wurde eine Rinne ausgehöhlt. Das Arbeitsfeld dieser Operationen ist an Hand der Abb. 50 ersichtlich. Man ist zu folgenden Schlüssen gekommen:

Die Tragkraft der obersten Schichten beträgt etwa $1/2$ kg per Quadratzentimeter. Die Festigkeit eines Steinfragmentes, die gelegentlich untersucht wurde, überstieg 20 kg/cm². Die Oberflächenschichten haben eine Dichte, die nicht größer ist als das 1,2fache der Wasserdichte. In 10 cm Tiefe beträgt die Dichte schon das dreifache der Wasserdichte. Außerdem hat das Landungsmanöver durch Gasausströmung keinen Anhaltspunkt für die Existenz einer größeren Staubdecke an der Mondoberfläche gegeben.

Zur chemischen Analyse der Mondoberfläche wurde von Surveyor V, VI und VII eine spezielle Apparatur benützt. Auf die Mondoberfläche wurde ein Kasten gelegt (Abb. 51), der nach unten

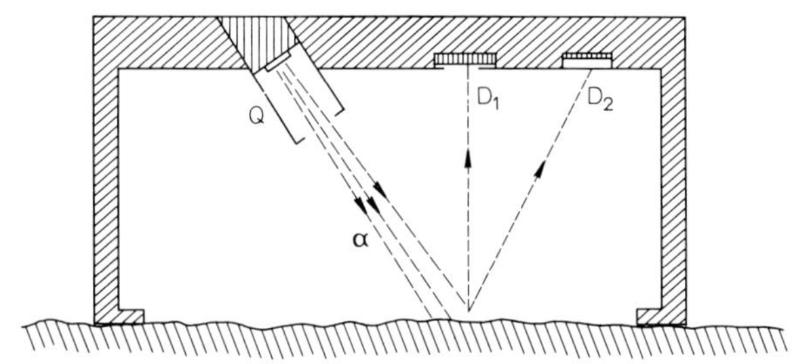

Abb. 51. Chemische Analyse der Mondoberfläche, Q die Quelle der α-Teilchen, D die Detektoren der zurückgestreuten Teilchen

offen ist. An dem oberen Deckel befindet sich eine Quelle von α-Teilchen (Heliumkerne), die von dem radioaktiven Präparat aus Curium-242 ausgestrahlt werden. Die Heliumkerne bombardieren im engen Bündel eine kleine Stelle der Mondoberfläche, wo eine Streuung der α-Teilchen sowie die Bildung von Protonen (Wasserstoffkerne) stattfindet. Die Eigenschaften, z. B. die Anzahl und Energie dieser Teilchen, hängen von der chemischen Zusammensetzung der bestrahlten Mondstelle ab. Die zurückgestreuten

Teilchen wurden mit geeigneten Detektoren aus Silikonhalbleitern registriert und als elektrische Impulse zur Erde gefunkt. Dort wurden die Signale analysiert und daraus auf die chemische Zusammensetzung der Mondoberfläche geschlossen.

Die zwei ersten Landungsstellen (Surveyor V und VI) liegen in Mondmeeren und die dritte (Surveyor VII) auf dem Kontinent in der Nähe des Kraters Tycho. Obwohl die Ergebnisse noch provisorisch sind, zeigen sie interessante Unterschiede der beiden Gelände. Der Sauerstoff ist an allen drei Stellen mit 58% vertreten. Auch das Magnesium mit 3—4% und das Silizium mit 18—22% scheinen auf dem Monde ziemlich gleichmäßig verteilt zu sein. Die schweren, eisenähnlichen Elemente sind dagegen in den Mondmeeren reicher (5%) als auf den Kontinenten (2%) vertreten. Hieraus könnte man die dunkle Farbe der Meere erklären, weil dort der Boden von Eisen und ähnlichen Elementen dunkel gefärbt ist. Im großen und ganzen sollte die Mondoberfläche eine basaltähnliche Zusammensetzung besitzen.

Umkreisung des Mondes. Die erste, teilweise Umkreisung des Mondes fand im Oktober 1959 durch die russische Sonde Lunik 3 statt. Man hat damals die erste Aufnahme der anderen, bisher unbekannten Seite des Mondes erhalten. Seitdem wurden verschiedene russische und amerikanische Sonden oder Mondsatelliten für weitere und auch bessere Aufnahmen mit Erfolg benützt.

Dazu gehört auch eine Reihe der amerikanischen Orbiter-Flüge, die die höchsten Leistungen erreichten. Wie der Name besagt, handelt es sich hier um künstliche Mondsatelliten, die von der Erde zum Mond gesandt (mit Atlas-Agena-Rakete) und im geeigneten Moment auf die lunare Bahn gelenkt werden. Die ganze Operation der Satellisierung ist ähnlich der bei dem Apollo-Programm benützten (S. 84) und wird dort auch näher beschrieben.

Zwischen August 1966 und August 1967 wurden 5 Orbiter-Flüge realisiert. Die drei ersten Flüge hatten die Erforschung der geeigneten Landungsstelle für das eben genannte Apollo-Programm zum Ziele. Sie brauchten äquatoriale Bahnen, weil die Landungsstellen in der Nähe des Mondäquators geplant sind. Die zwei anderen Flüge auf polaren Bahnen, sollten hauptsächlich die Karto-

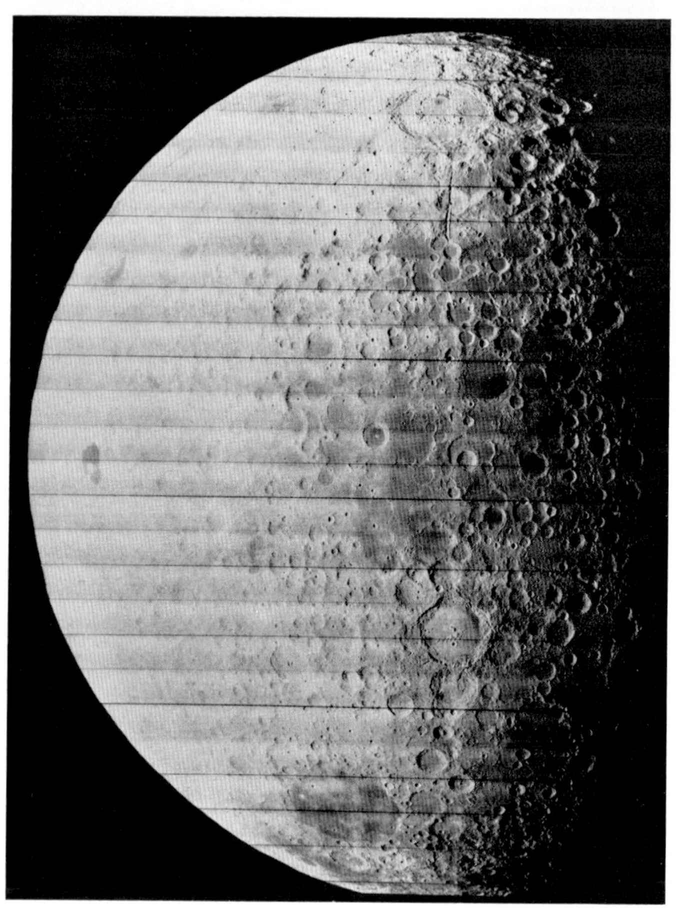

Abb. 52. Fernsehaufnahme der anderen Seite des Mondes aus Orbiter III. Das Fehlen der Meere und die große Anzahl der Krater ist bemerkenswert

graphie der Mondoberfläche vervollständigen. Dazu kamen noch kleinere Aufgaben, wie z. B. die Bestimmung der Mondschwere (S. 49).

Zur Erlangung der Aufnahmen der Mondoberfläche hat man hier die indirekte Methode angewandt. Durch photographische

Abb. 53. Eine der besten Fernsehaufnahmen des Orbiter III von der anderen Seite des Mondes aus einer Höhe von 1400 km. Der eigenartige Krater in der Mitte mißt 240 km im Durchmesser und hat einen tiefschwarzen Boden (kein Schatten!)

Kameras hat man Filmaufnahmen bekommen, die nach einer speziellen Behandlung entwickelt und dann im geeigneten Moment durch Television zur Erde gefunkt wurden. Zwei parallele Kameras von kurzen und langen Fokallängen (8 bzw. 61 cm) lieferten hierbei zwei verschiedene Bilder derselben Gegend. Zur ständigen Orientierung des Satelliten dienten photoelektrische Sucher, die zur Sonne und zu dem hellen Stern Canopus gerichtet wurden. Wenn sich aber der Orbiter an geeigneter Stelle seiner Bahn befand, wurde er senkrecht oder schief zum Monde gerichtet und eine Serie von Aufnahmen gemacht. Dann wurde der Orbiter wieder in die frühere Richtung Sonne – Canopus eingestellt. Diese Operationen wurden z. B. mit dem Orbiter IV etwa 200mal mit Erfolg wiederholt, was die hohe Leistung und Zuverlässigkeit der Orbiter beweist.

Auf diese Art haben die Orbiter sehr eindrucksvolle Aufnahmen (Abb. 52 u. 53) der Mondoberfläche zur Erde gesandt, deren wissenschaftlicher Preis ebenso hoch ist wie die allgemeinen Kosten der ganzen Orbiter-Unternehmung. Fast die ganze Mondoberfläche (beide Hälften) ist nun aus verschiedenen Höhen, zwischen 50 und 2700 km, photographiert. Auf diesen Aufnahmen sieht man die bisher unbekannte Hälfte des Mondes, welche manche interessante Gebilde der Oberfläche erkennen lassen, darunter auch den jetzt außer Funktion stehenden Surveyor I.

Landung des Menschen auf dem Monde. In der Geschichte der Naturforschung gibt es kaum ein Beispiel eines größeren und teureren Unternehmens als die Landung des Menschen auf dem Monde. Wir kennen in allen Einzelheiten das amerikanische Apollo-Projekt, das wohl etwa 24 Milliarden Dollar kosten wird. Von russischen Projekten haben wir, wie üblich, bisher (Mitte April 1969) keine Nachrichten, aber wir sind an die sowjetische Politik des „fait accompli" gewöhnt.

COLUMBUS ist nach West-Indien gefahren, um dort die Gewürze zu suchen, aber auf dem Monde werden wir wahrscheinlich keine gewinnbringenden Sachen finden. Doch bietet uns der Mond die Möglichkeit für ungestörte astronomische Beobachtungen, auch unserer Erde, was ja von einem gewissen meteorologischen oder gar militärischen Interesse ist. Solche und ähnliche Erwägungen kann man schon in der Tagespresse finden. Dazu kommt noch der Umstand, der nur zwischen den Zeilen zu lesen ist, daß nämlich eine Entwicklung der kosmischen Ballistik ein bequemes Alibi für die parallele Entwicklung des irdischen Zweiges bietet, von der man nicht gern zu viel spricht. Mit anderen Worten, wenn man den beweglichen und weit entfernten Mond beschießen und genau treffen kann, ist zu befürchten, daß man ebensogut, wenn nicht leichter, seine relativ nahen und unbeweglichen Partner beschießen oder doch ernst bedrohen kann. Und für solche Abwehrzwecke hat man niemals genug Geld ausgegeben!

Aber kommen wir lieber zur astronomischen Seite des Mondfluges zurück. Das ganze Apollo-Unternehmen begann mit der von dem Präsidenten J. F. Kennedy am 25. Mai 1961 ausgesprochenen Verpflichtung: *„Ich glaube diese Nation sollte sich selbst das Ziel setzen, noch vor dem Ende dieses Jahrzehntes einen Menschen auf dem Mond zu landen und ihn sicher auf die Erde zurückkehren lassen.“* Damit begann auch eine Reihe von Versuchsflügen (Ranger, Surveyor, Orbiter und Apollo), die vorläufig mit der bemannten Umkreisung des Mondes durch Apollo 8 Ende Dezember 1968 gekrönt wurden. Über diesen Flug wollen wir den Leser hier näher informieren, weil er als Vorbild der Landung auf dem Monde mit Apollo 11 dienen kann.

Alle Apollo-Flüge beruhen auf der kräftigen Rakete Saturn V, welche durch W. von Braun und seinen Stab konstruiert wurde. Diese 2810 Tonnen wiegende und 110 m hohe Rakete besteht aus drei Stufen und dem Raumschiff, das allein 130 Tonnen wiegt. Die drei Stufen haben die Aufgabe, das Apollo-Raumschiff der Sphäre der Erdanziehung zu entreißen und gegen den Mond zu richten. Die erste Stufe entwickelt 130 Millionen PS und muß in fünf Düsenmotoren 5 Tonnen Kerosin und 10 Tonnen Sauerstoff pro Sekunde verbrennen, um den benötigten Zug von 3500 Tonnen aufzubringen. Die zweite mit Wasserstoff–Sauerstoff betriebene Stufe gibt den Zug von 680 Tonnen und die ähnliche dritte Stufe liefert noch 104 Tonnen Zug. Außerdem hat das Apollo-Schiff noch eigene Motore, die zum Manövrieren im kosmischen Raume dienen.

Die Mannschaft des Apollo 8-Schiffes bestand aus drei Astronauten. Frank Borman (*1928) hat schon mit dem Gemini 7-Raumschiff 14 Tage im Weltraum verbracht. James Lovell (*1928) beteiligte sich an zwei Flügen (Gemini 7 und Gemini 12), so daß er mit Apollo 8 den dritten Flug absolvierte. Nur für William Anders (*1933) war es eine Raumtaufe.

Der einstimmigen Meinung nach hat sich die Raumfahrt des Apollo 8 „mit der Präzision eines kostbaren Uhrwerkes abgewickelt“. Der nach den Gesetzen der Himmelsmechanik und der Ballistik berechnete Fahrplan, der vor dem Start veröffentlicht wurde, unterscheidet sich gar nicht von dem Ablauf des Fluges und stellt ein bisher unerreichtes Zeugnis der Raumtechnik dar. Hier seien nur die wichtigsten Ereignisse des Fluges erörtert (Abb. 54):

MEZ

St.	Min.	Sek.	21. XII. 1968
1. 13	51	00	Start am Kap Kennedy um 7.51 nach Ortszeit. Verbrennung der ersten Stufe, die abgelöst wird und das gleiche für die zweite Stufe; die dritte Stufe wurde nur bis
14	02	36	in Funktion gesetzt und dann zeitweilig ausgeschaltet.
2.			Das Raumschiff befindet sich nun an der Parkbahn um die Erde (Abb. 54) in der Höhe von

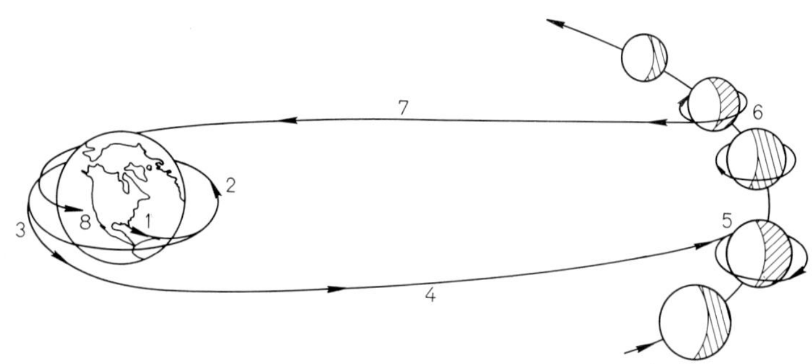

Abb. 54. Flug des Apollo 8-Schiffes: 1 der Start am Kap Kennedy, 2 die Parkbahn, 3 der Start zum Mond auf der Bahn 4, 5 die Satellisierung um den Mond, 6 der Start zur Erde auf der Bahn 7, 8 die Landung im Pazifik

185 km. Während zwei Umläufen wurden alle Einrichtungen des Raumschiffes und auch der Gesundheitszustand der Insassen von der Erde aus geprüft und gut befunden. Deswegen erhielten die Astronauten um

16	25		grünes Licht für die Mondfahrt.
16	41	50	Dritte Stufe von neuem gezündet bis
3.	47	02	nachdem die Geschwindigkeit von 10,82 km/sec erreicht war. Das Raumschiff eilt jetzt in einer elliptischen Bahn auf den Mond zu.
4. 17	52		Dritte Stufe wurde abgelöst; die Astronauten verfügen jetzt nur über kleinere Motoren des Raumschiffes, weil die kräftigen zur Mondlandung be-

stimmten Motoren (Apollo 11) noch nicht einmontiert sind.

22. XII. 1968

2			Die kritische Entfernung von 56 000 km wird erreicht. Von da ab gibt es keine unmittelbare Rückkehr zur Erde.
	21	06	Erste Fernsehübertragung aus der Kabine.

23. XII. 1968
Die Geschwindigkeit der Hinfahrt nimmt planmäßig ab.

	21	06	Zweite Fernsehübertragung. Am Schirm ist zum erstenmal auch die Erde sichtbar.
	21	29	In der Entfernung von 317 000 km von der Erde und nur mit 0,99 km/sec Geschwindigkeit wurde der Neutralpunkt, wo Erd- und Mondanziehung gleich sind, überschritten, und das Raumschiff beginnt mit wachsender Geschwindigkeit zum Monde zu fallen. An dieser hyperbolischen Bahn würde das Raumschiff in einer gewissen Höhe (130 km) am Mond vorbeifliegen und dann in den kosmischen Raum entschwinden. Um dem Monde die Satellisierung des Raumschiffes zu ermöglichen, muß man die wachsende Geschwindigkeit abbremsen.

24. XII. 1968

	10	59	19	Bremsmanöver eingeleitet und um
5.	11	03	25	mit Erfolg beendet. Das Raumschiff ist jetzt auf einer elliptischen Bahn um den Mond zwischen den Höhen 112 und 312 km satellisiert. In diesen für die Zukunft der Astronauten äußerst wichtigen Momenten verschwand das Raumschiff für die Erde hinter dem Monde und dadurch wurde jede Kontrolle von der Erde verhindert.
	13	31		Dritte Fernsehübertragung, wobei man unter anderem auch die Randzone des Mondes aus der Höhe von 250 km beobachten kann.
	15	22		Eine Korrektur der Bahn mit Hilfe der Motoren verwandelt diese in einen Kreis mit der Höhe von 112 km. Die Dauer des Umlaufes beträgt etwa 2 Stunden. Die Astronauten setzten ihre zahlreichen Aufgaben fort.

25. XII. 1968

6.	7	10	Nach dem zehnten Umlaufe wurde das Rückkehrmanöver eingeleitet. Durch Motoren wurde die Kreisgeschwindigkeit von 1,63 km/sec auf die hyperbolische Geschwindigkeit von 2,71 km/sec gesteigert und damit das Entweichen aus dem Bereich der Mondanziehung erzielt. Das war ein weiterer kritischer Moment des Fluges.

<table>
<tr><td>7.</td><td>22</td><td></td><td>Neuerliche Korrektur der Bahn, die in eine elliptische verwandelt wurde, um die Rückkehr auf die Erde zu erlauben.
Wir wollen hier die sehr schwierige Aufgabe des Eintritts in die Erdatmosphäre betonen. Das Raumschiff hat keine aktiven Mittel mehr, um die große Endgeschwindigkeit (11 km/sec) abzubremsen. Diese muß sich durch den Luftwiderstand in einer eng beschränkten Weise verzehren. In unserem Falle mußte das Raumschiff das 120 km hohe Niveau der Atmosphäre unter dem Winkel von 6° schneiden. Die Toleranz war dabei nicht größer als 1°. Mehr bedeutet einen steilen Abstieg mit so großer Erwärmung, daß sie zur Verbrennung des Schiffes führen würde. Weniger bedeutet bloß den Abstoß des Schiffes in den kosmischen Raum. Beide Fehler sind für die Insassen von katastrophalen Folgen. Anders gesagt, das sogenannte Fenster, das die sichere Rückkehr erlaubt, ist nur etwa 40 km weit (Abb. 55)</td></tr>
</table>

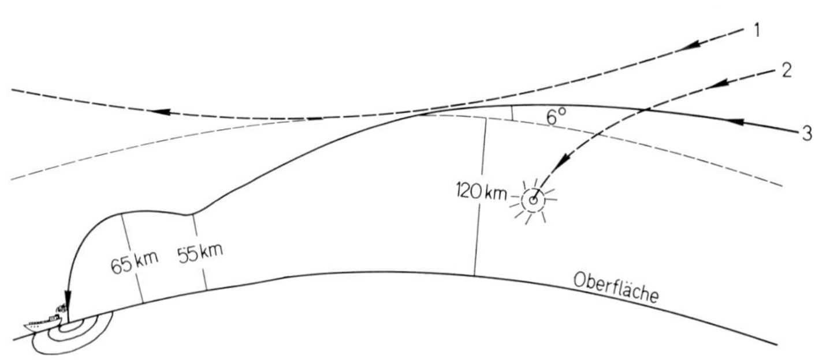

Abb. 55. Drei mögliche Endbahnen der Kabine Apollo 8: 1 der Abstoß in den kosmischen Raum, 2 die Verbrennung in der Atmosphäre, 3 die sichere Rückkehr

<table>
<tr><td></td><td></td><td></td><td>26. XII. 1968</td></tr>
<tr><td>21</td><td>51</td><td></td><td>Sechste und letzte Fernsehübertragung.</td></tr>
<tr><td></td><td></td><td></td><td>27. XII. 1968
Vorbereitung zur Landung.</td></tr>
<tr><td>16</td><td>31</td><td></td><td>Abtrennung des Motorteiles von der Kabine, die jetzt mit dem Hitzeschild in der Richtung der Erde orientiert wird.</td></tr>
<tr><td>16</td><td>37</td><td>18</td><td>Die Kabine tritt in die Schicht von 120 km Höhe ein. Die starke Erwärmung der umgebenden Gase und die dadurch entstandene Ionisation unterbricht vorübergehend die Radioverbindung, die aber um</td></tr>
</table>

| 16 | 43 | | wieder hergestellt wurde. In der Höhe von 7 km öffnen sich zwei kleinere und später in der Höhe von 3 km drei größere Fallschirme, und um |
| **8.** 16 | 51 | 11 | landet die Kabine nur 5 km von dem Flugzeugträger „Yorktown". |

In der 51. Nummer der „Welt am Sonntag" vom 22. Dezember kann man lesen: Freitag, 27. Dezember: Apollo 8 landet um 16.51 Uhr MEZ im Pazifischen Ozean. ... Der US-Flugzeugträger „Yorktown" nimmt sie an Bord.

Apollo 11-Flug in Schlagzeilen

MEZ

St.	Min.	16. VII. 1969
14	32	hebt sich die Saturn 5-Rakete mit NEIL ARMSTRONG (39 J), EDWIN ALDRIN (39 J) und MICHAEL COLLINS (38 J) in Richtung auf den Mond ab, um dort am 20. VII. abends ARMSTRONG und ALDRIN im Meer der Ruhe abzusetzen.
17	16	Nach der Umkreisung der Erde schwenkt die Rakete in die Bahn zum Mond ein. Darauf löst sich das Apollo-Schiff bestehend aus dem Mutterschiff Columbia und der Mondfähre Eagle von der Rakete.

17. VII. 1969
Apollo-Schiff fliegt antriebslos auf den Mond zu.

18. VII. 1969
ARMSTRONG und ALDRIN inspizieren die Mondfähre Eagle.

19. VII. 1969
Apollo-Schiff wird um den Mond satellisiert.

20. VII. 1969
ARMSTRONG und ALDRIN begeben sich in die Mondfähre Eagle, die sich um

| 18 | 42 | vom Mutterschiff Columbia, wo COLLINS allein bleibt, trennt. |
| 21 | 18 | Eagle durch ARMSTRONG gelenkt landet im Meer der Ruhe. Columbia kreist weiter um den Mond. |

21. VII. 1969

| 3 | 56 | ARMSTRONG macht den ersten Schritt auf dem Mond. Danach kommt ALDRIN, und beide beschäftigen sich mit geplanten Arbeiten (S. 90). Etwa 600 Millionen Menschen können dieses Ereignis im Fernsehen beobachten. |

6	09	Beide Astronauten kehren in die Mondfähre zurück.
18	52	Der obere Teil der Mondfähre verläßt den Mond.
22	35	Mondfähre und Mutterschiff zusammengekoppelt.
		22. VII. 1969
5	57	Entweichen aus dem Bereiche der Mondanziehung. Rückkehr des Columbia-Schiffes zur Erde.
		24. VII. 1969
17	49	Landung im Pazifik.

21 Stunden 36 Minuten 41 Sekunden währte der Besuch des Mondes durch ARMSTRONG und ALDRIN. Davon waren $2^1/_4$ Stunden der Arbeit auf der Mondoberfläche gewidmet.

Als Hauptaufgabe galt das Einsammeln von Mondstaub und Mondgestein, wovon etwa 22,5 kg mitgebracht wurden. Dieses Material wird in mehr als 120 Forschungsstätten in den verschiedensten Ländern untersucht werden. In diese internationale Zusammenarbeit sind auch die beiden Max-Planck-Institute für Chemie (Mainz) und Kernphysik (Heidelberg) sowie das Mineralogische Institut der Universität Tübingen eingeschaltet. Die genannten deutschen Laboratorien sind seit Jahren auf die Untersuchung extraterrestrischen Materials (Meteoriten) spezialisiert.

Der Boden des Mondes ist oberflächlich staubförmig. Wo aber ARMSTRONG mit der Zangenschaufel in den Boden stieß, traf er auf felsigen Grund. Die Landerakete hat keinen nennenswerten Krater hinterlassen. Auf dem Mond sieht man keine Farben. Man beobachtet lediglich Schwarz, Weiß und Grautöne.

Ferner wurde auf der Mondoberfläche ein automatischer Seismometer installiert, der von Sonnenbatterien gespeist und durch einen Atomheizkörper mit 30 g Plutonium während der Mondnacht auf Arbeitstemperatur gehalten wird. Er soll ein Jahr arbeitsfähig bleiben und selbst geringste Mondbeben zur Erde funken.

Am Landungsort wurde weiterhin ein Reflektor für Laser-Strahlen zurückgelassen, dessen Spiegel aus 100 hohlgeschliffenen Quarzprismen besteht und gegen die Erde orientiert ist. Dieser Reflektor soll Präzisionsmessungen der Entfernung Mond-Erde dienen, die man so auf $\pm$ 15 cm zu bestimmen hofft.

Schließlich wurde von ALDRIN eine 140 $\times$ 30 cm große Aluminium-Folie auf der Mondoberfläche den Sonnenstrahlen ausgesetzt. Sie wurde zur Erde zurückgebracht, um in Bern und Zürich auf eingefangene Sonnenpartikel untersucht zu werden; auf diese Weise hofft man, über die Zusammensetzung des Sonnenwindes Aufschluß zu erhalten. Auf der Erde können solche Versuche nicht angestellt werden, da die solaren Partikel von der Atmosphäre abgefangen oder vom Erdmagnetfeld abgelenkt werden.

Schluß

Wir haben den Mond erreicht! Lassen wir nur noch die weitere Strophe unseres Liedes aus der Einführung zu uns sprechen, die in dieser chaotischen Welt hoffentlich dem Wunsch aller ehrlichen Menschen entspricht:

„Leuchte freundlich jedem Müden
in das stille Kämmerlein,
und dein Schimmer gieße Frieden
ins bedrängte Herz hinein."

Stichwortverzeichnis

Herstellung: Konrad Triltsch, Graphischer Betrieb, Würzburg

Verständliche Wissenschaft